Nadine Suffee

Rôle angiogénique de RANTES/CCL5 : Application en biothérapies

Nadine Suffee

Rôle angiogénique de RANTES/CCL5 : Application en biothérapies

Expérimentations cellulaires et animales

Presses Académiques Francophones

Impressum / Mentions légales
Bibliografische Information der Deutschen Nationalbibliothek: Die Deutsche Nationalbibliothek verzeichnet diese Publikation in der Deutschen Nationalbibliografie; detaillierte bibliografische Daten sind im Internet über http://dnb.d-nb.de abrufbar.
Alle in diesem Buch genannten Marken und Produktnamen unterliegen warenzeichen-, marken- oder patentrechtlichem Schutz bzw. sind Warenzeichen oder eingetragene Warenzeichen der jeweiligen Inhaber. Die Wiedergabe von Marken, Produktnamen, Gebrauchsnamen, Handelsnamen, Warenbezeichnungen u.s.w. in diesem Werk berechtigt auch ohne besondere Kennzeichnung nicht zu der Annahme, dass solche Namen im Sinne der Warenzeichen- und Markenschutzgesetzgebung als frei zu betrachten wären und daher von jedermann benutzt werden dürften.

Information bibliographique publiée par la Deutsche Nationalbibliothek: La Deutsche Nationalbibliothek inscrit cette publication à la Deutsche Nationalbibliografie; des données bibliographiques détaillées sont disponibles sur internet à l'adresse http://dnb.d-nb.de.
Toutes marques et noms de produits mentionnés dans ce livre demeurent sous la protection des marques, des marques déposées et des brevets, et sont des marques ou des marques déposées de leurs détenteurs respectifs. L'utilisation des marques, noms de produits, noms communs, noms commerciaux, descriptions de produits, etc, même sans qu'ils soient mentionnés de façon particulière dans ce livre ne signifie en aucune façon que ces noms peuvent être utilisés sans restriction à l'égard de la législation pour la protection des marques et des marques déposées et pourraient donc être utilisés par quiconque.

Coverbild / Photo de couverture: www.ingimage.com

Verlag / Editeur:
Presses Académiques Francophones
ist ein Imprint der / est une marque déposée de
OmniScriptum GmbH & Co. KG
Heinrich-Böcking-Str. 6-8, 66121 Saarbrücken, Deutschland / Allemagne
Email: info@presses-academiques.com

Herstellung: siehe letzte Seite /
Impression: voir la dernière page
ISBN: 978-3-8416-2925-8

« C'est en croyant à ses rêves que l'Homme les transforme en réalité »

(Hergé, 1969)

Table des matières

Liste des illustrations

Liste des abréviations

AAA	Anévrisme de l'aorte abdominale
ADAMs	A Desintegrin And Metalloproteinase
AMPc	3'-5' adénosine mono-phosphate cyclique
Ang-	Angiopoiétine
AOMI	Artériopathies oblitérantes des membres inférieurs
ARNm	Acide ribonucléique messager
ATP	Adénosine tri-phosphate
CHC	Carcinome hépatocellulaire
CPE	Cellules progénitrices endothéliales
CS	Chondroïtine sulfate
DAG	Diacylglycerol
DARC	Duffy antigen receptor for chemokines
DLL-	Delta Like Lignad
DS	Dermatane sulfate
ERK	Extracellular signal regulated kinase
EXT	Exostosine
FAK	Focal adhesion kinase
FGF	Fibroblast growth factor
FITC	Fluoresceine isothiocyanate
FT	Facteur de transcription
GAG	Glycosaminoglycannes
GDP	Guanosine diphosphate
GPI	Glycosylphosphatidylinositol
GRK	G-protein coupled receptor kinase
GTP	Guanosine tri-phosphate
HIF-	Hypoxia-inducible factor
Hp	Héparine
HS	Héparane sulfate
HUVEC	Human-umbilical vein endothelial cells
IFN-	Interféron
IL-	Interleukine
IP3K	Inositol-1,4,5-triphosphate
JAG	Jagged
JNK/SAPK	Jun kinase/Stress-activated protein kinase
KS	Kératane sulfate
LDL	Low density lipoprotein
MAPK	Mitogen-Activated Protein Kinase
MCP-1	Monocyte chemoattractant protein-1

MMP-	Matrix metalloproteinase
MOMA	Monocyte - Macrophage
MIP-	Macrophage inflammatory protein-
MT-MMP	Membrane-type matrix metalloproteinae
NFAT	Nuclear Factor Activated T cell
NFκB	Nuclear factor kappa B
NHERF	Na^+/H^+ Exchanger Regulatory Factor-1
NK	Natural killer
NRARP	Notch-regulated ankyrin repeat protein
PBS	Phosphate Buffer Saline
PDGF	Platelet-derived growth factor
PDZ	Post-synaptic density ; Disc large ; Zonula ocludens-1
PG	Proteoglycannes
PIP2	Phosphatidylinositol-4,5-biphosphate
PKA	Protein kinase A
PLC	Phospholipase C
RANTES	Regulated upon Activation Normal T-Expressed and
Secreted	
RCPG	Récepteurs couplés aux protéines G
SDC	Syndécannes
SDF-1	Stromal derived factor-1
SHH	Sonic Hedgehog
SNP	Single nucleotide polymorphism
TAM	Tumor associated macrophages
VIH	Virus de l'immunodéficience humaine
TGF-	Tumor growth factor
TIMP	Tissue Inhibitor of MetalloProteinase
TNF-	Tumor nuclear factor
VEGF	Vascular endothelial growth factor

I- BUT DE L'ETUDE

I- *But de l'étude*

Les chimiokines interviennent dans diverses pathologies chroniques inflammatoires. De par leur rôle dans le recrutement de cellules immunes et dans l'activation cellulaire, elles participent à la progression de ces pathologies. Les chimiokines sont impliquées dans l'induction de la migration et l'invasion de carcinomes, mais aussi dans la dissémination des métastases. Il a été démontré que certaines d'entre elles sont impliquées, par exemple, dans la formation de néo-vaisseaux au cours du développement de cancers et dans la progression de l'athérosclérose. L'étude réalisée au cours de ma thèse porte sur le rôle de la CC-chimiokine RANTES/CCL5 dans la tubulogenèse et dans les effets biologiques précédant la formation de néo-vaisseaux : la migration et l'étalement de cellules endothéliales. Cette étude est menée à la fois sur une lignée de cellules endothéliales matures humaines provenant de cordon ombilical (HUV-EC-C) et dans un modèle expérimental animal où RANTES/CCL5 associé à un biomatériau est implanté en sous-cutané chez le rat.

L'étude *in vitro* a pour but :

- De démontrer que RANTES/CCL5 se lie à la surface des HUV-EC-Cs et que cette liaison est impliquée dans la migration, l'étalement cellulaire et la tubulogenèse étudiée en 3D et en 2D.

- De déterminer la part respective des récepteurs de RANTES/CCL5 CCR1 et CCR5 ainsi que les PGHS, SDC-1, SDC-4 et CD44, dans l'étalement, la migration et la tubulogenèse des HUV-EC-Cs induits par RANTES/CCL5.

- De déterminer les mécanismes moléculaires (voies de signalisation, protéases impliquées et facteurs angiogéniques) sous-tendant les effets angiogéniques de la chimiokine.

L'étude *in vivo* dans un modèle expérimental chez le rat a testé la validité physiologique des données obtenues *in vitro*. Pour cela, nous avons associé RANTES/CCL5 à un biomatériau composé de fibres de nitrocellulose et implanté en sous-cutané chez le rat. L'étude de l'angiogenèse induite par RANTES/CCL5 a nécessité des mises au point techniques afin de quantifier et de décrire l'aspect morphologique des vaisseaux formés autour du biomatériau.

Une troisième partie de ce travail a eu pour but de moduler les effets de RANTES/CCL5 par l'utilisation de deux mutants de la chimiokine dont les résidus peptidiques, impliqués dans l'interaction de RANTES/CCL5 aux chaînes GAGs de type HS sont substitués : [^{44}ANAA^{47}]-RANTES/CCL5 et [E66A]-RANTES/CCL5. Ces mutants sont synthétisés par l'équipe du Dr. Loïc Martin du CEA de Saclay. **Figure 1 (page 15).**

Ce travail a donné lieu à une publication : Suffee N, et al. RANTES/CCL5-induced pro-angiogenic effects depend on CCR1, CCR5 and glycosaminoglycans. Angiogenesis 2012 30 June (Epub ahead of print).

RANTES/CCL5 a un effet angiogénique sur des cellules endothéliales matures, mais serait-il impliqué dans le recrutement de cellules progénitrices endothéliales (CEP). Cette nouvelle hypothèse, nous a menés à étudier *in vitro*, l'effet de cette chimiokines sur les CEP, qui nous sont fournies par le Pr. Larguero Jérôme de l'hôpital Saint-Louis. Nous étudions, la présence des ligands membranaires de RANTES/CCL5 à la surface de ces cellules. Puis, nous avons étudié l'étalement et la migration des CEP induits par RANTES/CCL5, ainsi que l'implication de ses récepteurs et corécepteurs.

Enfin, dans un but thérapeutique, nous avons testé l'association de RANTES/CCL5 à un biomatériau poreux composé de polysaccharides pullulane/dextrane, biodégradable. Cette association a pour but de potentialiser l'effet angiogénique de RANTES/CCL5 dans un modèle

d'ischémie de la patte chez la souris.

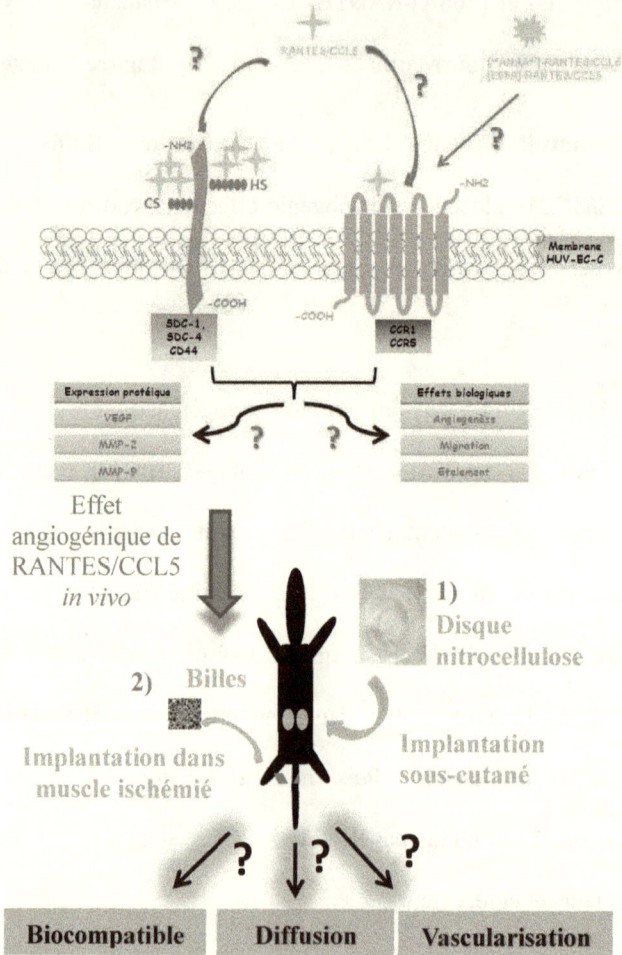

Figure 1 : *Étude de l'effet angiogénique de RANTES/CCL5 sur une lignée de cellules endothéliales HUV-EC-C (haut) et associé à un biomatériau, implanté en sous-cutané chez le rat (bas).*

II- INTRODUCTION

1- Les chimiokines

A- Généralités

A.1 Classification

Les chimiokines sont des petites protéines solubles, présentes dans la matrice extracellulaire. Les chimiokines constituent une superfamille de cyto*kines chimi*oattractantes de faible poids moléculaire (8 à 14 kDa). Elles sont sécrétées par de nombreux types cellulaires, tels que les cellules endothéliales, les cellules musculaires lisses, les macrophages et les plaquettes (Hayes and others, 1998; Pattison and others, 1996). Il existe une exception : la fractalkine/CX3CL1. C'est l'unique chimiokine à pouvoir être à la fois soluble et membranaire (White and Greaves, 2012).

Les chimiokines établissent un gradient de chimioattraction, qui permet le recrutement de cellules circulantes, tels que les monocytes ou les cellules progénitrices provenant de la moelle osseuse (Blanchet and others, 2012; Bouvard and others, 2010).

Les chimiokines sont composées de polypeptides de 70 à 100 acides aminés. Il existe environ 46 chimiokines, chez l'Homme (Yoshimura and others, 1987). La classification des chimiokines repose sur l'organisation d'un domaine protéique contenant quatre cystéines conservées, retrouvées en position amino-terminale (N-terminale) de la séquence peptidique (Keeley and others, 2008). Ces cystéines sont liées entre elles par des ponts disulfures. En fonction de leur structure, les chimiokines sont groupées en quatre familles selon, d'une part, le nombre de cystéines présentes et d'autre part, la présence ou non d'acides aminés entre les deux premières cystéines adjacentes (Handel and others, 2005; Laing and Secombes, 2004; Mortier and others, 2008) **Figure 2 (page 20)**.

1- Famille des CXC- chimiokines :

Les chimiokines appartenant à cette famille, au nombre de 16, ont un acide aminé présent entre les deux cystéines conservées, en position N-terminale. Elles sont désignées de CXCL1 à CXCL16, selon la nomenclature des chimiokines établie en 2000. Les CXC- chimiokines sont divisées en deux groupes : sept d'entre elles (CXCL1 à CXCL3 et CXCL5 à CXCL8) possèdent un motif d'acides aminés conservés, Glutamine-Leucine-Arginine (ELR+), entre la première cystéine et le domaine N-terminal de la séquence peptidique. Les CXC- chimiokines ELR+ (IL-8/CXCL8) attirent un type cellulaire particulier : les neutrophiles (Wengner and others, 2008). Les neuf autres CXC- chimiokines ELR- (dont SDF-1/CXCL12) ont la capacité de recruter les monocytes, les lymphocytes T et B, les cellules dendritiques et les polynucléaires éosinophiles et basophiles (Vandercappellen and others, 2008). Les CXC- chimiokines ELR+ ont des propriétés angiogéniques alors que les CXC- chimiokines ELR- sont, à l'inverse, angiostatiques, à l'exception de la chimiokine SDF-1/CXCL12 (Keane and others, 1998; Moore and others, 1998). Cette dernière ne possède pas de motif ELR, mais présente une activité angiogénique, notamment par le recrutement de cellules progénitrices endothéliales (Ho and others, 2012; Wang and others, 2012b).

2- Famille des CC- chimiokines:

Les CC- chimiokines sont caractérisées par la position des deux premiers résidus cystéines adjacents, dans la région N-terminale. Cette famille comporte plus de 28 chimiokines (CCL1 à CCL28). L'activité chimiotactique de ces ligands consiste principalement en l'attraction de leucocytes inflammatoires comme les monocytes, les lymphocytes T (activés), les cellules dendritiques, les cellules Natural Killer (NK), les polynucléaires éosinophiles et basophiles (RANTES/CCL5 ; MCP-1/CCL2). Ces chimiokines sont des médiateurs de l'inflammation, et participent au développement de nombreuses pathologies, notamment les cancers, la polyarthrite rhumatoïde ou l'athérosclérose (Daissormont and others, 2009; Muller and Lipp, 2003).

3- Famille des CX3C- chimiokines:

Cette famille comporte une chimiokine, dénommée Fractalkine/CX3CL1, dont la structure est caractérisée par la présence de trois acides aminés entre deux cystéines conservées, en position N-terminale. Cette chimiokine exerce son rôle de chimioattractant sur les lymphocytes T et les monocytes (White and Greaves, 2012). C'est la seule chimiokine à pouvoir être à la fois, associée à la membrane (par son domaine mucine transmembranaire) et soluble. La chimiokine soluble est obtenue par clivage effectué dans le domaine mucine par les protéases A Desintegrin and Metalloproteinase (Adams and Alitalo)-10 et -17 (Hundhausen and others, 2003). L'association de cette chimiokine à la membrane cellulaire lui confère des propriétés de molécule d'adhérence (Schwarz and others, 2010).

4- Famille des C- chimiokines:

Les deux C- chimiokines, lymphotactine/XCL1 et lymphotactine/XCL2, sont caractérisées par l'absence de la première et de la troisième cystéine des quatre cystéines conservées en N-terminal. Elles attirent les cellules NK et les cellules T (Lei and Takahama, 2012; Stievano and others, 2004).

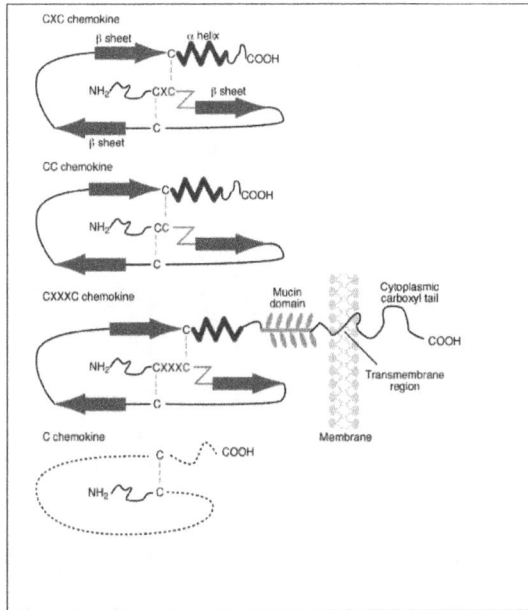

Figure 2 : _Structure secondaire des quatre classes de chimiokines (Frederick and Clayman, 2001)._ _Les chimiokines sont constituées de trois feuillets β (β sheet) dans le domaine N-terminal et d'une hélice α dans la région C-terminale. La position de quatre cystéines conservées et la présence d'acides aminés a établi quatre classes de chimiokines (CXC-, CC-, CXXXC-, C- chimiokine)._

A.2 Structure et interaction des chimiokines

1- Structure des chimiokines

Les chimiokines sont composées d'une région variable en N-terminale. Cette région comporte les 2 premiers motifs cystéines qui forment deux ponts disulfures, elle est suivie d'une boucle flexible appelée boucle-N, composée d'environ 10 acides aminés. Cette boucle est associée à une hélice hélicoïdale 3_{10}, composée de 3 acides aminés. Cette hélice 3_{10} est suivie de trois feuillets β antiparallèles, liés entre eux par des boucles, formées de 3 à 4 résidus et appelés 30s, 40s et 50s (correspondant au numéro du 1er résidu impliqué dans la formation de la boucle) et d'une hélice-α en position C-terminale (Fernandez and Lolis, 2002) **Figure 3 (page 21).**

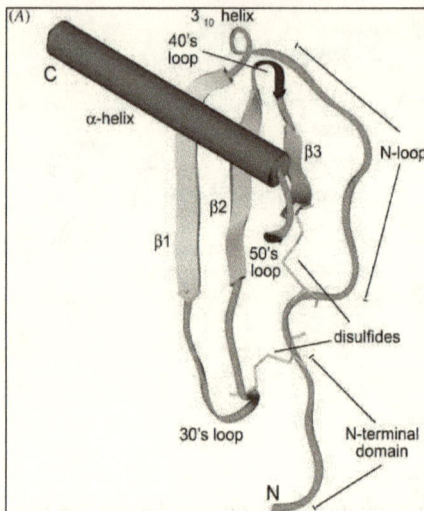

Figure 3 : *Les régions présentes dans la structure secondaire de la CXC- chimiokine : l'IL-8/CXCL8 (Fernandez and Lolis, 2002).* *Les chimiokines possèdent dans le domaine N-terminal deux cystéines liées par un pont disulfure à deux autres cystéines, présentes au niveau des boucles 30s et 50s. Les deux premières cystéines sont suivies d'une boucle (N-loop). Cette boucle est séparée du premier feuillet β (β$_1$) par une boucle 3$_{10}$ (hélice 3$_{10}$). Trois boucles 30s, 40s et 50s séparent les feuillets β (β$_1$, β$_2$, β$_3$) entre eux. Une hélice α est présente dans le domaine C-terminal.*

La structure primaire des chimiokines présente une homologie de séquence variant de 20 à 90 %. A l'inverse, les quatre classes de chimiokines présentent une structure tridimensionnelle similaire et conservée (Fernandez and Lolis, 2002) **Figure 3 (page 21).** La structure des chimiokines est stabilisée par deux ponts disulfures formés d'une part entre la 1ère cystéine, située dans le domaine N-terminal et la 3ème cystéine présente dans la boucle 30s ; et d'autre part la 2ème cystéine, située également dans le domaine N-terminal, et la 4ème cystéine présente dans la boucle 50s. Des interactions hydrophobes, notamment entre la boucle 50s et l'hélice-α, participent également à la stabilité de la structure des chimiokines **Figure 4 (page 22).**

Les deux membres de la famille des C- chimiokines ne présentent qu'un pont disulfure liant la 2ème cystéine et la 3ème cystéine. La stabilité de la protéine exercée par ce pont est renforcée par huit sites d'O-glycosylations (Marcaurelle and others, 2001).

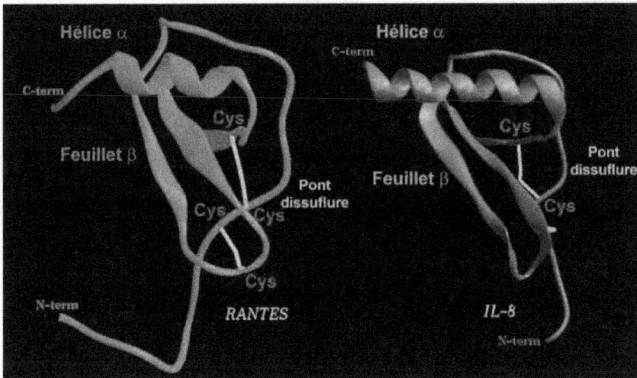

Figure 4 : _Structure tertiaire des chimiokines de la famille CXC- et CC- (Wells and others, 1996a)._ _Les classes CXC- et CC- chimiokines présentent une structure semblable. La présence des cystéines liées par un pont disulfure stabilisent la protéine. Les feuillets β participent à la flexibilité de la protéine._

Le domaine N-terminal, les boucles 30s et 40s des chimiokines sont composés d'acides aminés chargés positivement. Ces résidus cationiques sont propres à chaque chimiokine et confèrent une spécificité de liaison des chimiokines à des récepteurs couplés aux protéines G (RCPGs), par des interactions électrostatiques. Le second pont disulfure et la boucle 30s des chimiokines, jouent un rôle dans l'activation des RCPGs.

Les chimiokines interagissent également, avec des composants de la matrice extracellulaire, telles que des chaînes glycosaminoglycannes (GAGs). Ces entités possèdent des charges négatives, leur permettant de se lier aux acides aminés cationiques présents dans le second feuillet-β des chimiokines. Les GAGs se lient essentiellement à la boucle 40s, à travers un motif BBXB, composé d'acides aminés basiques (B pour acides aminés basiques ; X acide aminé quelconque), retrouvé dans la plupart des chimiokines. Ce motif est indispensable à la liaison des chimiokines aux GAGs.

2- Oligomérisation des chimiokines

La structure quaternaire définit l'association de plusieurs chimiokines du même type entre elles (dimère ou oligomère), pour former une structure globulaire (Fernandez and Lolis, 2002). Le maintien de la structure quaternaire est fragile, car elle est médiée par des interactions non covalentes (liaisons hydrophobes, liaisons ioniques ou de Van der Waals). L'oligomérisation des chimiokines est un processus essentiel dans l'induction de leurs effets biologiques.

Les chimiokines sont sécrétées sous forme monomérique. *In vitro*, les formes monomériques sont actives, alors qu'*in vivo*, les chimiokines fonctionnelles sont sous forme d'homo-oligomères (Proudfoot and others, 2003a). Les chimiokines se dimérisent soit par des interactions électrostatiques soit par des interactions hydrophobes. La famille des CXC-chimiokines présente 40 à 80 % d'acides aminés hydrophobes dans les feuillets-β à la différence de la famille des CC- chimiokines (20 à 40 %) (Proudfoot and others, 2003a; Vita and others, 2002). Ainsi la dimérisation des CXC- chimiokines est réalisée par interaction des résidus présents dans les feuillets-β de la 1ère chimiokine avec l'hélices-α de la seconde chimiokine. Dans la famille des CC- chimiokines, les dimérisations ont lieu par interaction de résidus hydrophobes présents dans le domaine N-terminal de la 1ère chimiokine et au niveau de l'hélice-α de la seconde. L'oligomérisation protège les chimiokines de la protéolyse et facilite leur interaction avec leurs récepteurs spécifiques.

A.3 Liaison des chimiokines à la surface cellulaire

1- Récepteurs couplés aux protéines G : RCPGs

1.a Structure et classification des RCPGs

> *Généralités*

Les chimiokines interagissent spécifiquement avec des récepteurs à sept domaines transmembranaires couplés aux protéines G (RCPGs). Les RCPGs sont des protéines monomériques composées de 300 à 1200 acides aminés. Plus de 950 gènes codant pour les RCPGs ont été clonés (Takeda and others, 2002). Ils représentent la majorité des récepteurs à la surface cellulaire. De nombreux ligands interagissent avec les RCPGs. Ainsi, les RCPGs sont impliqués dans divers processus biologiques, notamment dans les processus de transmission d'information neuronale ou hormonale, dans le maintien de l'homéostasie, dans la signalisation intracellulaire ou dans les communications entre cellules (Zhang and Xie, 2012).

> *Structure des RCPGs*

Les RCPGs sont formés de sept domaines en hélices-α hydrophobes, transmembranaires (TM1 à TM7) et disposés en cercle. Ces domaines sont composés de 22 à 29 acides aminés et liés par trois boucles extracellulaires (E1, E2, E3) et trois boucles intracellulaires (I1, I2, I3). Le domaine N-terminal se situe du côté extracellulaire ; sa composition et le nombre en acides aminés ne sont pas conservés, ce qui en fait un domaine variable

(Rajagopalan and Rajarathnam, 2006). Ce domaine présente des motifs tyrosines sulfatés, interagissant avec les ligands. Le domaine C-terminal intracellulaire est en interaction avec la protéine G. D'autre part, ce domaine peut présenter un ancrage membranaire lipidique, formant une 4ème boucle intracellulaire (I4) **Figure 5a-b (page 25)**.

Les domaines N- et C- terminaux peuvent être courts (< 50 acides aminés) et sont proches de la membrane cellulaire. La liaison par des ponts disulfures entre les boucles E1 et E2 joue un rôle dans la stabilisation des RCPGs (Rajagopalan and others, 2006) **Figure 5a (page 25)**.

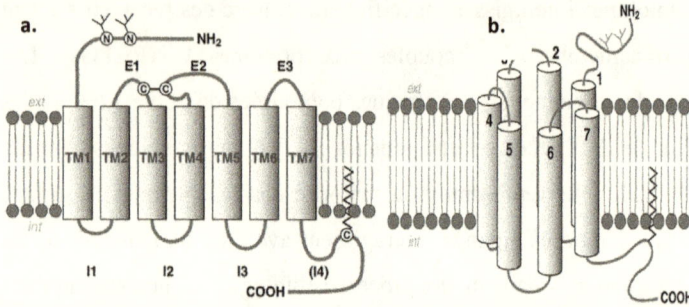

Figure 5 : *Structure schématique en 2D des RCPGs à la membrane plasmique (a) et dans la membrane plasmique (b) (Manzoni and Bockaert, 1995).* *Les RCPGs possèdent sept domaines transmembranaires (TM1 à TM7) liés entre eux par trois boucles intracellulaires (I1, I2, I3) et trois boucles extracellulaires (E1, E2, E3). Le domaine N-terminal est extracellulaire et le domaine C-terminal est intracellulaire. La région C-terminale peut être ancrée dans la membrane lipidique formant ainsi une quatrième boucle intracellulaire (I4).*

Le classement en cinq groupes de ces récepteurs est basé, d'une part sur les séquences conservées d'acides aminés, d'autre part, en fonction de la nature des ligands pouvant s'y lier (Cherezov and others, 2007). Chacune des classes de RCPGs possède 25 à 80 % d'homologie de séquence (Kramp and others, 2011). Ainsi on distingue :

- La classe A regroupant les récepteurs de type rhodopsine
- La classe B comprenant les récepteurs de type récepteur à la calcitonine sécrétine
- La classe C regroupe des récepteurs aux phéromones et métabotropiques du glutamate
- La classe D rassemble les récepteurs aux phéromones fungiques
- La classe E comprend les récepteurs de l'adénosine monophosphate cyclique (AMPc)

Les chimiokines se lient aux RCPGs appartiennent à la classe A (Onuffer and Horuk, 2002).

∫ Les RCPGs de la classe A

Chez l'homme, la plupart des RCPGs liant les chimiokines sont situés sur le chromosome 3. Ces RCPGs sont composés de 340 à 370 acides aminés. Il existe environ 20 RCPGs interagissant avec les 46 chimiokines (Blanchet and others, 2012).

L'interaction chimiokine-RCPG a permis de classer ces récepteurs selon la nature des chimiokines qu'ils reconnaissent (Bacon and others, 2002; Thelen and Baggiolini, 2001). Ainsi, des chimiokines XCL, CCL, CXCL et CX3CL peuvent se lier à des RCPGs de la même famille soit respectivement XCR, CCR, CXCR et CX3CR (Kraemer and others, 2011). De plus, une chimiokine peut lier plusieurs RCPGs et réciproquement, excepté pour huit RCPGs qui ne lient qu'une seule chimiokine : CXCR4/CXL12 ;   CXCR5/CXCL13 ;   CXCR6/CXCL16 ; CXCR7/CXCL12 ; CCR6/CCL20 ; CCR8/CCL1 ; CCR9/CXCL25 et CX3CR1/CX3CL1 (Lazennec and Richmond, 2010) **Figure 6 (page 27).**

La famille des CXC- récepteurs possède 36 à 77 % d'homologie de séquence. Les CCR- possèdent 46 à 89 % d'homologie de séquence (Bacon and others, 2002 ; Scala and others, 2006). Il existe également des variants d'épissage, désignés par une lettre, tels que le CCR2b, variant du CCR2.

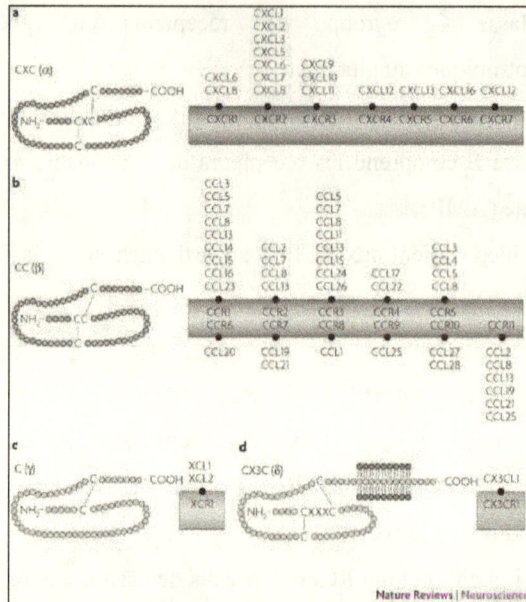

Figure 6 : _Classification des chimiokines et de leurs récepteurs (Lazennec and Richmond, 2010)._ _Les RCPGs sont classés en fonction de la classe de chimiokines qui lient. Un RCPG peut se lier à plusieurs chimiokines de la même classe et une chimiokine peut se lier à plusieurs RCPGs de la même classe. Actuellement, il existe sept récepteurs CXCR-, onze CCR-, un CX3CR et un XCR1-._

Le domaine N-terminal des chimiokines interagit spécifiquement avec des sites d'interaction situés dans le domaine N-terminal des RCPGs. Le domaine N-terminal des RCPGs est composé de 40 acides aminés, dont la majorité est chargé négativement (Rajagopalan and Rajarathnam, 2006).

Il existe 2 sites d'interactions des chimiokines aux RCPGs. Le site I concerne l'interaction entre la boucle-N des chimiokines et le domaine amino-terminal des RCPGs. Le site II présente une interaction entre les résidus composant le domaine N-terminal des chimiokines et les boucles externes E2 et E3 des RCPGs. L'interaction au site I est suivie d'une interaction au site II (Wells and others, 1996a) **Figure 7 (page 28)**.

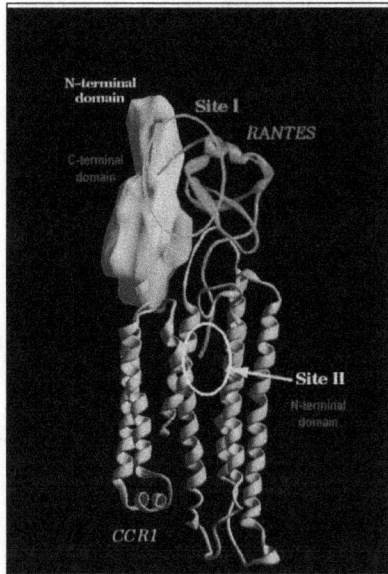

Figure 7 : *Sites d'interactions I et II de RANTES/CCL5 à son récepteur CCR1 (Wells and others, 1996a).* *Le site d'interaction I constitue la liaison entre la boucle N de la chimiokine et la région N-terminale du RCPG. Le site d'interaction II est défini par l'association des résidus composant le domaine N-terminal de la chimiokine avec les boucles extracellulaires E2 et E3 du RCPG.*

La liaison des chimiokines aux RCPGs est donc séquentielle. Dans un premier temps, il y a une interaction dans le site I, responsable de la spécificité et de l'affinité de la chimiokine pour son RCPG. Cette première interaction induit des changements de conformation des chimiokines et des

RCPGs, par exemple en modulant la position des hélices-α transmembranaires des RCPGs. Cette modulation de la structure facilite l'interaction des chimiokines au site II, responsable de l'activation du RCPG (Kraemer and others, 2011). De plus, le site I est essentiel dans la stabilité du complexe chimiokine-RCPG, contrairement au site II (Blanpain and others, 2003).

Selon les classes de chimiokines, l'affinité aux récepteurs dépend des résidus présents dans le domaine N-terminal des chimiokines. La boucle-N, l'hélice 3_{10} et la boucle 40s sont riches en acides aminés basiques (Arginine et lysine), permettant la liaison au domaine N-terminal des RCPGs par interaction avec des résidus chargés négativement et des acides aminés aromatiques. Une étude des interactions chimiokines-RCPGs a démontré que l'utilisation de la chimiokine RANTES/CCL5 mutée par l'addition d'une méthionine (Met) dans le domaine N-terminal, n'interagit pas avec ses RCPGs (CCR1 et CCR5). Le domaine N-terminal de RANTES/CCL5 est donc indispensable pour lier les RCPGs (Proudfoot and others, 1996; Wells and others, 1996b).

L'interaction des chimiokines aux RCPGs est stabilisée par des interactions électrostatiques. Ce maintien est indispensable dans l'induction des voies de signalisation intracellulaire impliquant ou non une protéine G. Dans la boucle E2 des RCPGs, il existe un motif Thréonine-acide aminé-Proline (TXP). L'interaction avec les chimiokines modifie l'orientation spatiale de ce motif. La proline est responsable de l'interaction directe entre les TM2 et TM3, participant à la stabilité du complexe. D'autre part, les acides aminés aromatiques proches de ce motif sont impliqués dans l'activation des RCPGs. Des domaines riches en acides aminés sérine et thréonine sont situés du côté intra-cytoplasmique du récepteur et interagissent avec le complexe trimérique des protéines G. Le domaine C-terminal possède un motif Asparagine-Arginine-Tyrosine (DRY) qui lie la protéine G, responsable de la transduction de signaux (Hansell and others, 2011; Pierce and others, 2002).

Le temps d'activation de la protéine G par le complexe ligand-récepteur est inférieur à 500 ms (Storch and others, 2012).

∫ Les protéines G

Les protéines G associées aux RCPGs à travers le motif DRY, se présentent sous forme d'un complexe hétérotrimérique constitué de trois sous-unités α, β et γ (Hansell and others, 2011). La protéine Gβ compte cinq familles et la sous-unité Gγ en compte 12. Il existe quatre familles de Gα (Harrison and others, 2003). L'identification des quatre familles des protéines Gα a permis de les classer en fonction de l'effecteur qu'elles activent (Inoue and others, 2005) :

- Gα$_s$ stimule l'adénylate cyclase, enzyme qui catalyse la conversion de l'adénosine triphosphate (ATP) en 3'-5' adénosine mono-phosphate cyclique (AMPc). L'AMPc est le second messager activant, entre autres, la protéine kinase A (PKA).

- Gα$_{i/o}$ inhibe l'adénylate cyclase

- Gα$_{q/11}$ active la phospholipase C beta (PLC$_β$), catalysant la formation du diacylglycérol (DAG) et de l'inositol-1,4,5-triphosphate (IP3), à partir du phosphatidylinositol 4,5, bi-phosphate (PIP2).

- Gα$_{12/13}$ active les petites protéines RhoA, impliquées dans le remodelage du cytosquelette. **Figure 8 (page 31).**

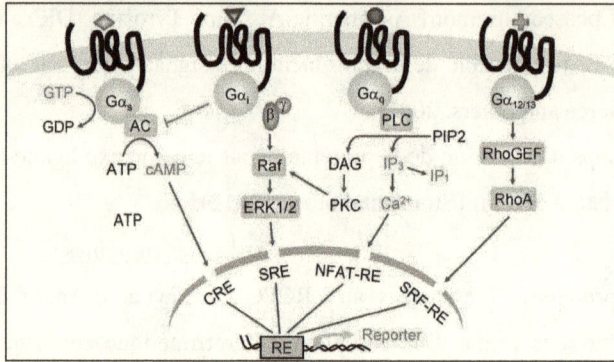

Figure 8 : _Représentation des voies intracellulaires activées par les différentes protéines G (Zhang and Xie, 2012)._ _Il existe quatre protéines G connues. Les protéines G sont responsables de la transcription de gènes à travers l'activation de facteurs de transcription via des voies d'activation. La protéine $G\alpha_s$ induit l'AMPc inducteur du facteur de transcription CRE. L'adénylate cyclase est inhibée par la protéine $G\alpha_i$. La protéine $G\alpha_q$ active la phospholipase C (PLC) responsable de la formation du diacylglycérol (DAG) et de l'inositol tri phosphate (IP3) participant à l'activation du facteur de transcription NFAT. La protéine $G\alpha_{12/13}$ active la voie des protéines RhoA responsable de la stimulation du facteur de transcription SRF-RE._

A l'état basal les sous-unités Gβ et Gγ présentes sous forme de dimère (Gβδ), sont fortement associées à la sous unité Gα. La sous unité Gα est liée à une molécule de guanosine diphosphate (GDP). La liaison d'un ligand au RCPG induit la réorganisation tridimensionnelle du récepteur, conduisant à l'activation de la protéine G. En effet, fixée à la sous-unité Gα, la molécule GDP est substituée par une molécule guanosine triphosphate (GTP). La sous-unité Gα et le dimère Gβγ se dissocient.

Le dimère Gβγ interagit avec les canaux ioniques, calciques et potassiques afin de réguler leurs activités. La sous-unité Gα active des effecteurs spécifiques, dépendant du type de sous-classes de Gα impliquées dans l'activité cellulaire (activation ou inhibition d'enzyme, ouverture ou fermeture de canaux ioniques, transcription de gènes cibles). Par exemple, la sous-unité $G\alpha_{q/11}$ active la PLC_β. Cette enzyme catalyse l'hydrolyse du phosphatidylinositol 4,5, bi-phosphate (PIP2) membranaire en diacylglycérol (DAG) et en inositol triphosphate (IP3) **Figure 9 (page 33)**. Le DAG hydrophobe reste associé à la membrane contrairement à l'IP3 qui diffuse dans le cytosol. Ces deux seconds messagers ont une action complémentaire. En effet, l'IP3 est impliqué dans l'ouverture des canaux calciques du réticulum endoplasmique, augmentant ainsi la concentration du Ca^{2+} dans le cytoplasme. Le Ca^{2+} se lie, d'une part à la protéine kinase C alpha ($PKC\alpha$), la transloquant à la membrane (Tiruppathi and others, 2006) ; d'autre part le Ca^{2+} active les voies de signalisations, comme la voie Wnt, activant des facteurs de transcription, tels que Nuclear Factor Activated T cell (NFAT) impliqué dans la différenciation cellulaire (Fromigue and others, 2009). L'interaction du DAG avec la $PKC\alpha$ active cette enzyme, lui permettant ainsi de phosphoryler des substrats cibles et d'induire une réponse cellulaire. Par exemple, la $PKC\alpha$ stimule la voie de signalisation Raf, pouvant également être activée par la protéine $G\alpha_i$ **Figure 8 (page 31)**. La protéine kinase cytoplasmique Raf active les voies de signalisation : extracellular signal regulated kinase1/2 (ERK1/2) ou Mitogen-Activated Protein Kinase (MAPK) modulant ainsi l'état du cytosquelette, phénomène impliqué dans la mobilité cellulaire (Speyer and Ward, 2011).

Les trois sous-unités protéiques de la protéine G sont impliquées dans l'activation des voies de signalisations intracellulaires, induisant essentiellement la migration, la prolifération et la différenciation cellulaire (MAPK, Jun kinase/Stress-activated protein kinase (JNK/SAPK), Nuclear Factor kappa B (NFκB)) (Lu and others).

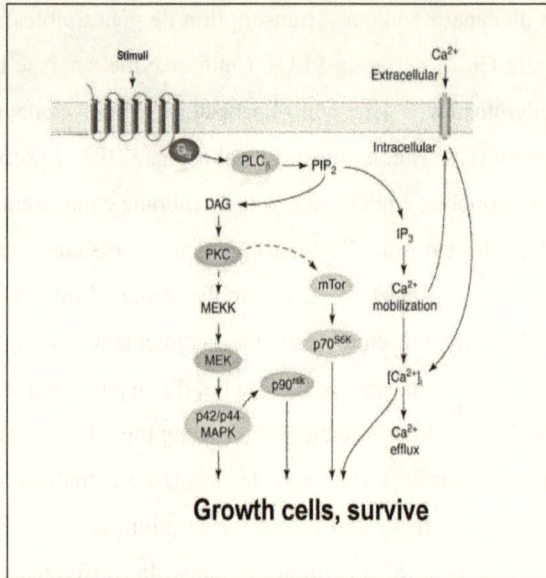

Figure 9 : *Schéma représentant la cascade d'activation de la sous-unité G (Rozengurt, 2002)* . *La protéine Gα active la PLCβ qui hydrolyse la PIP2 en DAG et IP3. Le DAG active la PKC responsable de l'activation de la voie MAPK. L'IP3 est responsable de l'ouverture des canaux calciques, permettant l'entrée du Ca^{2+} dans le cytoplasme. Le Ca2+ active la PKCα ainsi que les voies de signalisation stimulant les facteurs de transcription.*

∫ Régulation des RCPGs

L'hydrolyse de la molécule de GTP par une GTPase dont l'activité est portée par la sous-unité Gα met fin à l'interaction de la sous-unité Gα avec son effecteur. Le complexe trimérique Gα Gβγ se réassocie.

Les protéines G-protein coupled receptor kinase (GRK) et β-arrestine ont également un effet dans la régulation des RCPGs. Les GRK phosphorylent les RCPGs, permettant ainsi la liaison de la β-arrestine au niveau du domaine carboxy-terminal. Cette liaison encombre stériquement la partie C-terminale des RCPGs, inhibant ainsi l'association avec la protéine G. L'association β-arrestine-RCPGs induit une désensibilisation des RCPGs, les protégeant d'une sur-stimulation (Bennett and others, 2011). Les RCPGs possèdent une affinité plus forte pour la β-arrestine que pour la protéine G (Shenoy and Lefkowitz, 2011).

∫ Désensibilisation des RCPGs

La β-arrestine régule l'internalisation des RCPGs, par endocytose **Figure 10 (page 36)**. Elle est le signal de la fixation de protéines comme des protéines à domaine PDZ (Post-synaptic density ; Disc large ; Zonula ocludens-1) ou des ubiquitines, impliquées dans l'internalisation des RCPGs. Pour cela, le domaine C-terminal des RCPGs possède des motifs Sérine-Thréonine (X-S/T-X-), interagissant avec des protéines à domaine PDZ, comme la protéine NHERF (Na^+/H^+ Exchanger Regulatory Factor-1) (Hanyaloglu and von Zastrow, 2008). D'autre part, une modification post-traductionnelle permet la fixation d'une ubiquitine sur une lysine du domaine carboxy-terminal des RCPGs (Shenoy and Lefkowitz, 2011).

Les ubiquitines et les protéines à domaine PDZ sont responsables de l'endocytose des RCPGs, à travers des vésicules recouvertes de clathrine ou de cavéoline. La nature des vésicules endosomiales dépend, d'une part du type cellulaire, d'autre part de la famille des récepteurs (Bennett and others, 2011). Les récepteurs CXCR- sont endocytés dans des vésicules recouvertes de clathrines, incluant les CXCR1, CXCR2 et CXCR4.

Les récepteurs Duffy antigen receptor for chemokines (DARC) et D6 ne sont pas couplés à la protéine G, car ils ne possèdent pas le motif DRY. Ils interagissent avec les chimiokines, mais n'induisent par de signalisation intracellulaire. Il leur a été attribué le rôle de « scavenger ». En effet, l'interaction des chimiokines sur ces récepteurs est suivie d'une internalisation et d'une dégradation dans le protéasome. De cette manière ces récepteurs régulent les chimiokines présentes dans la matrice extracellulaire (Hansell and others, 2011). Ces récepteurs sont endocytés via des vésicules recouvertes de cavéolines.

La famille des CCR-, notamment les CCR2, CCR4 et CCR5 sont endocytés à la fois par des vésicules de clathrine et des vésicules recouvertes de cavéolines (Kiefer and Siekmann, 2011).

Dans l'endosome, une déphosphorylation des récepteurs précède l'adressage des RCPGs aux lysosomes afin d'être dégradés. Alternativement, ces récepteurs déphosphorylés peuvent être recyclés à la membrane cellulaire (Pierce and others, 2002) **Figure 10 (page 36)**. Le devenir du récepteur est fonction de la chimiokine. Par exemple, suite à l'internalisation du complexe RANTES/CCL5-CCR5, CCR5 est recyclé à la membrane cellulaire, alors que l'internalisation du complexe RANTES/CCL5-CCR3, induit une élimination partielle du CCR3. Le CCR1 est totalement éliminé lors de l'internalisation de RANTES/CCL5-CCR1 (Signoret and others, 2000).

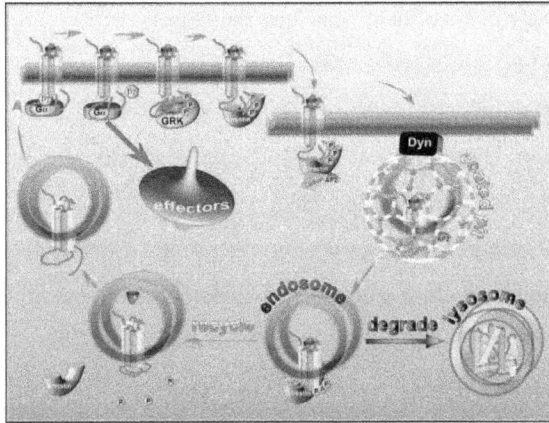

Figure 10 : *Processus d'internalisation des RCPGs (Gurevich and Gurevich, 2006).* *Les ubiquitines et les protéines à domaine PDZ sont responsables de l'internalisation des RCPGs à travers des vésicules endosomales. Ces RCPGs sont ensuite recyclés à la membrane cellulaire ou dégradés par le protéasome.*

D'autre part, la régulation du fonctionnement des RCPGs se fait également par une oligomérisation de ces récepteurs membranaires.

1.b Oligomérisation des RCPGs

L'association de deux RCPGs forme un dimère et l'association de plus de deux RCPGs, forme des oligomères ou multimères. Ces interactions RCPG-RCPG se font entre récepteurs de la même classe (homodimère/homo-oligomère (CCR1-CCR1)) ou entre membre de RCPGs différents mais appartenant à la même classe (les hétérodimère/hétéro-oligomère (CCR2-CCR5) ou appartenant à des classes différentes (CXCR4-CCR2) (Kramp and others, 2011).

Les acides aminés hydrophobes, présents dans les domaines transmembranaires (TM) des RCPGs sont impliqués dans l'oligomérisation. Ainsi, le CC- récepteur CCR5 se dimérise au niveau des domaines C-terminal et transmembranaires TM1 et TM4. Le récepteur

CXCR4 se dimérise au niveau des domaines TM5 et TM6 (Kramp and others, 2011).

Les oligomérisations des RCPGs permettent d'une part de réguler l'interaction chimiokines-RCPGs, d'autre part de moduler les signaux intracellulaires induits par le ligand.

Il existe deux modes d'oligomérisation : Le premier est induit par l'interaction de la chimiokine à son récepteur. Ce mode d'oligomérisation dépend du type cellulaire. Par exemple, la chimiokine SDF-1/CXCL12 induit une hétéro-dimérisation de CXCR4 et du récepteur CXCR7, à la surface d'une lignée de lymphome (Zabel and others, 2011). Ces deux RCPGs sont spécifiques de SDF-1/CXCL12. Dans ce cas, CXCR7 régulerait négativement les effets induits par l'axe SDF-1/CXCL12-CXCR4 (Zabel and others, 2011). SDF-1/CXCL12 induit également des hétéro-dimérisations de CXCR4 et CCR5 à la surface de cellules rénales d'embryon humain (Isik and others, 2008).

Les hétéro-oligomères sont la conséquence d'une interaction des RCPGs avec les chimiokines. A l'inverse, des homo-oligomères peuvent être constitutivement exprimés à la membrane des cellules (Kramp and others, 2011). Ce second mode de dimérisation est majoritairement exprimé à la surface cellulaire. Lors de la biosynthèse des RCPGs, des oligomères de RCPGs sont assemblés dans le réticulum endoplasmique, puis sont présentés à la membrane plasmique. La liaison des chimiokines spécifiques de ces oligomères stabiliserait et réorganiserait ces complexes (Salanga and others, 2009; Thelen and others, 2010; Wang and Norcross, 2008). Les homo-oligomères constitutivement exprimés induisent des effets biologiques similaires à ceux induits par l'interaction avec des monomères de RCPGs. Ces oligomères de RCPGs sont impliqués dans le maintien de l'homéostasie et dans le système immunitaire ; par exemple l'oligomérisation de CCR5 est impliquée dans l'entrée du virus de l'immunodéficience humaine (VIH) (Blanpain and others, 2003; Kramp and others, 2011; Thelen and others, 2010).

2- Les glycosaminoglycannes (GAGs)

Les chimiokines interagissent avec des chaînes glycosaminoglycanniques avec une affinité moins grande que celle pour les RCPGs.

<u>2.a Structure des GAGs</u>

Les GAGs sont formés de répétitions de motifs disaccharidiques linéaires. De manière générale, ces unités sont composées d'un acide uronique (acide D-glucuronique, GlcA, ou acide L-iduronique, IdoA) associé à un ose aminé (N-acétyl-glucosamine, GlcNac, ou N-acétyl-galactosamine, GalNac), liés entre eux par une liaison osidique (Imberty and others, 2007) **Figure 11 (page 38)**.

Table 1. Different ... es of GAGs and Their Disaccharide Building Blocks

Category	Disaccharide	U	H	Modifications
Heparin/Heparan (HSGAG)	$U_{2X\,(\alpha/\beta 1,4)}\,H_{NY,3X,6X\,(\alpha 1,4)}$	IdoA/GlcA	Glucosamine	X, sulfated; Y, acetylated/ sulfated
Chondroitin (CS)/ Dermatan (DS) (CSGAG)	$U_{2X,3X\,(\alpha/\beta 1,3)}\,H_{NAc,4X,6X\,(\beta 1,4)}$	IdoA/GlcA	Galactosamine	X, sulfated; 3-O, sulfated only for GlcA
Keratan	$Gal_{6X\,(\beta 1,4)}\,H_{NAc,6X\,(\beta 1,3)}$	Gal	Glucosamine	X, sulfated
Hyaluronic Acid	$GlcA_{(\beta 1,3)}\,H_{NAc\,(\beta 1,4)}$	GlcA	Glucosamine	None

Monosaccharide Structures

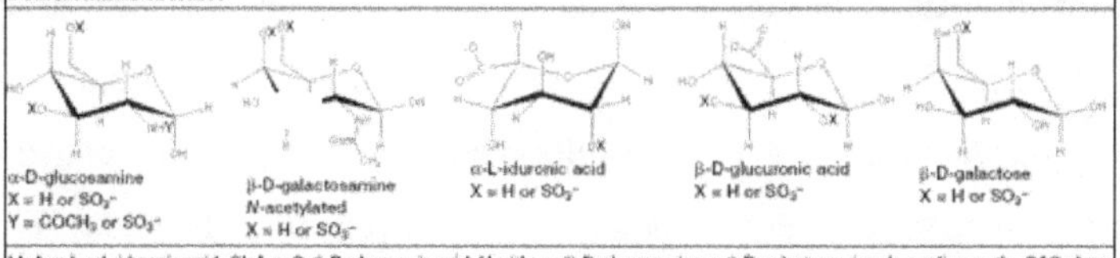

IdoA or I, α-L-iduronic acid; GlcA or G, β-D-glucuronic acid; H, either α/β-D-glucosamine or β-D-galactosamine depending on the GAG class; Gal, β-D-Galactose. Acetylation [$COCH_3$] is indicated using Ac and sulfation [SO_3^-] using S.

<u>**Figure 11 :** ***Structure linéaire des unités disaccharidiques composants les GAGs (Raman and others, 2005).***</u> *Les GAGs sont composés d'un acide uronique (acide D-glucuronique ou acide L-iduronique) lié par une liaison osidique à un ose aminé (N-acétyl-glucosamine ou N-acétyl-galactosamine).*

Les chaînes GAGs peuvent être libres dans la matrice extracellulaire ou associées de façon covalente à un corps protéique pour former un protéoglycanne (PG) qui est matriciel ou membranaire (Imberty and others, 2007). Au cours de la synthèse des chaînes GAGs, les unités disaccharidiques sont polymérisées puis subissent des modifications de type sulfatation ou acétylation.

Ces modifications aboutissent à des séquences de tailles variables. La masse moléculaire des GAGs varie de 10 à 2.10^4 kDa. D'autre part, la réaction de sulfatation génère des domaines chargés négativement. Ainsi on identifie deux types de GAGs : les GAGs sulfatés et les GAGs non sulfatés. L'acide hyaluronique représente le seul GAG non sulfaté.

Suivant la répétition de leurs motifs et le degré de sulfatation, on distingue quatre classes de GAGs sulfatés : les chondroïtines sulfates (CS), les dermatanes sulfates (DS), les kératanes sulfates (KS) et les héparines/héparanes sulfates (Hp/HS). Ces derniers représentent 50 à 90 % des GAGs à la surface des cellules (Kuschert and others, 1999). Ces différents GAGs se distinguent également par le type d'unité hexosamine, hexose ou acide hexuronique qui les composent, mais aussi par la conformation de la liaison glycosidique entre les unités disaccharidiques. Ainsi les CS/DS contiennent des sucres de type galactose leur donnant pour nom les galactosaminoglycannes alors que les Hp/HS sont constituées d'oses de type glucose et sont donc appelés glucosaminoglycannes. **Figure 12 (page 40).**

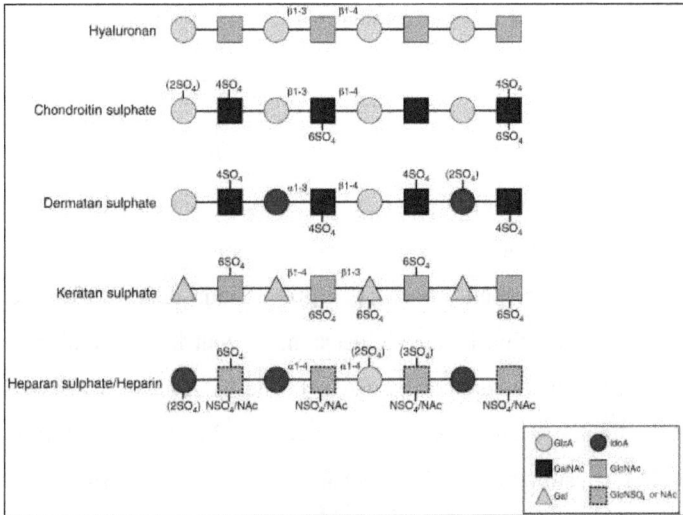

Figure 12 : _Représentation des quatre classes de GAGs (Stanton and others, 2011)._ _Des modifications post-traductionnelles de sulfatation ou d'acétylation a permis de classer les GAGs. Parmi les GAGs sulfatés quatre classes ont été définies : les chondroïtines sulfates (CS), les dermatanes sulfates (DS), les héparanes sulfates/héparines (HS/Hp) et les kératanes sulfates (KS)._

2.b Rôles des GAGs

L'acétylation et les sulfatations sont responsables de la diversité des GAGs, ainsi que de leurs fonctions (Johnson and others, 2005).

La diversité des GAGs est associée à une spécificité de reconnaissance des protéines avec lesquelles les GAGs s'associent. Les GAGs sont capables d'interagir avec des facteurs de croissance tels que le FGF-1 et FGF-2, l'inhibiteur de la cascade de coagulation l'antithrombine III (AT-III), mais également avec le domaine C-terminal des chimiokines, domaine riche en acides aminés basiques (Faham and others, 1996; Turnbull and others, 1992). En 1994, il a été mis en évidence sur des cellules endothéliales et leucocytaires, une interaction des chimiokines IL-8/CXCL8 et

GROα/CXCL1 avec les GAGs de types héparane sulfate (Witt and Lander, 1994).

> *GAGs de type HS*

Les chimiokines interagissent principalement avec les chaînes GAGs de type Hp/Hs (Lortat-Jacob, 2009). Ces chaînes sont des polysaccharides composés d'une répétition de 50 à 200 résidus disaccharidiques d'acide glucuronique et d'un N-acétylglucosamine, dont la biosynthèse est initiée par une enzyme, la copolymérase exostosine (EXT) (Zak and others, 2002). Cette enzyme ajoute de manière séquentielle le disaccharide (GlcA-GlcNA), constituant l'unité disaccharidique de base des HS. Cette étape est suivie d'une élongation de la chaîne par des N-déacétylase et N-sulfotransférase, (NDST), qui remplacent des groupements N-acétylés par des groupements N-sulfatés (Fuster and Wang, 2010) **Figure 13 (page 42).**

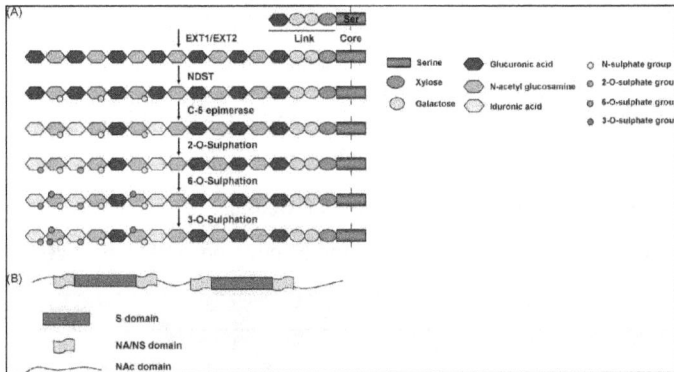

Figure 13 : *Synthèse des chaînes GAGs (Alexopoulou and others, 2007).* La biosynthèse des chaînes polysaccharidiques est initiée par une enzyme, la copolymérase exostosine (EXT). Cette enzyme ajoute de manière séquentielle le disaccharide (GlcA-GlcNA), constituant l'unité disaccharidique de base des HS. Cette étape est suivie d'une élongation de la chaîne par des N-déacétylase et N-sulfotransférases, (NDST), qui remplacent des groupements N-acétylés par des groupements N-sulfatés.

Les domaines riches en sulfates (5 à 10 disaccharides) sont chargés négativement. Par des interactions électrostatiques, ils peuvent interagir avec les chimiokines présentant des résidus basiques, tels que le motif BBXB, dans la boucle 40s des CC- chimiokines (RANTES/CCL5, MIP-1α/CCL3). Des clusters basiques sont également retrouvés dans la boucle 20s des CXC- chimiokines (IL-8/CXCL8) (Laguri and others, 2008; Proudfoot and others, 2001). L'héparine a une structure semblable aux chaînes HS, mais avec des motifs glucosidiques homogènes et hautement sulfatés, qui sont importants dans ses propriétés anticoagulantes (Imberty and others, 2007).

> ➤ *Fonction des chaînes GAGs*

L'interaction des protéines solubles (chimiokines ou facteurs de croissance) avec les GAGs est nécessaire à leur immobilisation à la membrane des cellules et dans l'établissement du gradient chimiotactique à la surface cellulaire. D'autre part, les GAGs sont impliqués dans le transport, la clairance, la dégradation et l'oligomérisation des chimiokines (Imberty and others, 2007). En effet, les chaînes GAGs protègent les chimiokines de la protéolyse et participent à la présentation des chimiokines à leurs RCPGs (Iozzo and Sanderson, 2011) **Figure 14 (page 43)**.

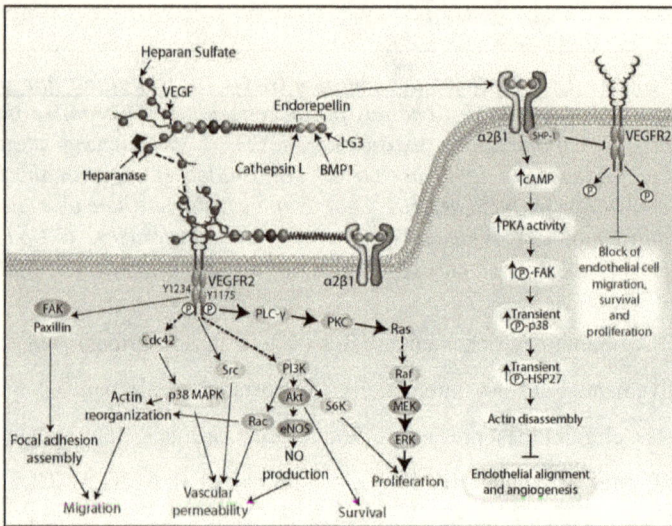

Figure 14 : _Présentation du VEGF par les GAGs, à son récepteur VEGFR2 (Iozzo and Sanderson, 2011)_

L'interaction chimiokines-GAGs participe à l'oligomérisation des chimiokines. Par exemple, la conformation en dimère de SDF-1/CXCL12 est stabilisée par l'héparine, alors que les chimiokines RANTES/CCL5, IL-8/CXCL8 ou MCP-1/CCL2 se multimérisent au contact des GAGs (Fernandez and Lolis, 2002). Les chimiokines oligomérisées peuvent avoir une taille allant de 400 à 600 kDa (Proudfoot and others, 2003a).

Des chimiokines mutées sur les sites impliqués dans l'oligomérisation présentent la capacité d'interagir avec leurs RCPGs mais perdent toute affinité pour les chaînes GAGs (Proudfoot and others, 2003a). De plus, l'utilisation des chimiokines mutées a démonté l'importance de l'oligomérisation, dans l'activité chimiotactique. En effet, ces mutants n'interagissent pas avec les GAGs et perdent leur activité dans le recrutement de cellules circulantes, *in vivo* (Proudfoot and others, 2003a).

Des structures monomériques de chimiokines interagissent avec leur récepteur et induisent une chimiotaxie dans des modèles *in vitro*. Cependant, dans des modèles *in vivo*, les chimiokines doivent interagir avec les GAGs pour être fonctionnelles. En effet, l'interaction aux GAGs permet la formation de dimères, tétramères et/ou d'oligomères de chimiokines. Ces oligomères de chimiokines sont indispensables à la chimiotaxie et à la transmigration des cellules (Lau and others, 2004; Salanga and others, 2009). De plus, la formation de complexe oligomérique de chimiokines génère une multiplicité de sites de liaisons avec les chaînes GAGs augmentant ainsi la surface d'interaction avec ces structures polysaccharidiques (Salanga and Handel, 2011). Les chaînes GAGs exposées à la membrane des cellules seraient donc un mécanisme adapté pour présenter les chimiokines à leurs RCPGs.

3- *Protéoglycannes (PGs)*

Les PGs matriciels sont des macromolécules synthétisées par de nombreux types cellulaires. Les PGs sont également exprimés à la membrane des cellules, de manière ubiquitaire ou stockés dans les granules intracellulaires, les protégeant des protéases (Little and others, 2008; McQuillan and others, 1991).

Les PGs sont constitués d'un corps protéique sur lequel les chaînes GAGs sont liées par une liaison covalente O-glycosidique. Cette liaison implique une association entre un tétrasaccharide, commun à tous les GAGs sulfatés, composé de β-D-xylose - β-D-galactose - β-D-galactose - β-D acide glucuronique, et un résidu L-sérine du corps protéique **Figure 15 (page 45)**. Par exemple, l'assemblage des chaînes HS au corps protéique met en jeu l'enzyme α-N-acétylglucosaminyltransférase I, qui ajoute un GlcNac au tétrasaccharide (Carey, 1997). La structure protéique a une taille variable de 10 à 400 kDa. En fonction des différents types de GAGs associés, sont définis des PGs de type HS (PGHS), de type CS ou DS (PGCS ou PGDS), de type KS (PGKS), des hyalectines et des SLRP (small leucin-rich PGs) par exemple la décorine **Figure 16 (page 45)**.

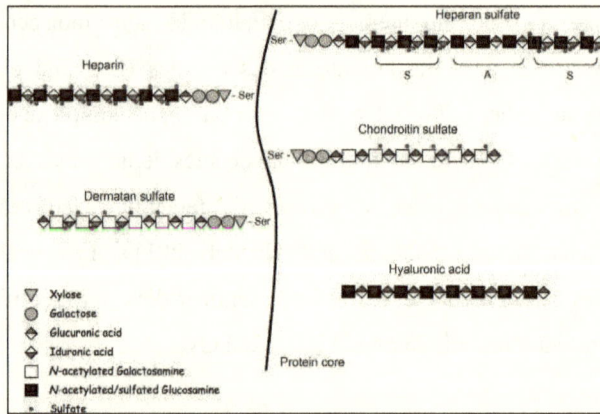

Figure 15 : *Les différents types de GAGs associés au corps protéique (Imberty and others, 2007).* *Les chaînes GAGs sont associées au corps protéique par un résidu sérine. La nature des chaînes GAGs est un élément important dans la définition des protéoglycannes.*

La diversité des PGs est également liée à des modifications post-traductionnelles du corps protéique, telles que la phosphorylation, la méthylation, la sulfatation du domaine amino-terminal et des N- ou O-glycosylations. **Figure 16 (page 46)**.

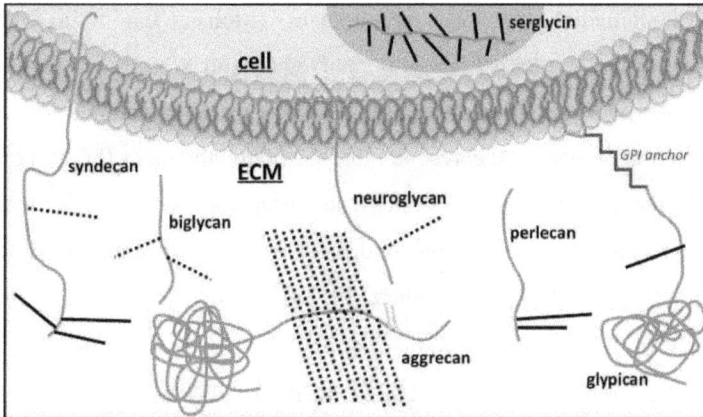

Figure 16 : *Représentation des PGs solubles et membranaires (Ly and others, 2010)*. *Les biglycannes, perlécannes, aggréganes sont des PGs matriciels. Les syndécannes, neuroglycannes et glypicannes sont des PGs membranaires. Certains PGs sont strictement cytoplasmiques (serglycine).*

3.a PGs solubles

Les PGs de la matrice extracellulaire, tels que les agrécannes et les versicannes, caractérisés par la présence des chaînes GAGs de type CS et KS, jouent un rôle dans la structure et l'organisation de la matrice extracellulaire.

La décorine est un PGCS/PGDS de la matrice extracellulaire, appartenant à la famille des SLRP. Elle est impliquée dans l'adhérence, la prolifération et la migration cellulaire. La décorine est impliquée dans la signalisation intracellulaire induite par le récepteur à l'Epidermal Growth Factor (EGF) (Iozzo and Sanderson, 2011). Une variation de son expression est observée dans de nombreux cancers (Blasco and others, 2004; Miyasaka and others, 2001; Troup and others, 2003).

Le perlécanne est un composant majeur des membranes basales. Ce PGHS est sécrété par une variété de types cellulaires composant les vaisseaux (cellules endothéliales, musculaires lisses, fibroblastiques), les cellules épithéliales et les chondrocytes (Mohan and Spiro, 1991; Tapanadechopone and others, 2001; Tufvesson and Westergren-Thorsson, 2000). Le perlécanne interagit avec des facteurs de croissance. En effet l'interaction du perlécanne avec le Fibroblast Growth Factor (FGF), permet de présenter ce facteur de croissance à son récepteur (FGFR), de le protéger contre des protéases et de le stocker dans la matrice extracellulaire (Aviezer and others, 1994; Aviezer and others, 1997).

3.b PGs membranaires

Les PGHS membranaires sont les principaux PGs présents à la surface des cellules. Outre leur interaction avec les constituants de la matrice extracellulaire, ils sont impliqués dans la présentation des ligands protéiques, comme le VEGF, à leurs récepteurs transmembranaires. Ainsi les PGHS sont impliqués dans la prolifération et la survie cellulaire. Ils sont alors définis comme corécepteurs (Iozzo and Sanderson, 2011).

Les PGs membranaires sont soit ancrés au feuillet externe de la membrane plasmique par l'intermédiaire d'un groupement glycosylphosphatidylinositol (GPI), ou présentent un domaine transmembranaire. La majorité de ces PGs membranaires sont composés de chaînes GAGs de type HS, tels que les glypicannes. Pour certains d'entre eux, ils peuvent, en plus des chaînes HS, être composés de chaînes CS tels que certains syndécannes et β-glycannes. Le PG CD44 est composé exclusivement de chaînes GAGs de type CS.

Les syndécannes sont des protéines transmembranaires. Ils sont constitués d'un corps protéique (core) de 20 à 45 kDa et de chaînes HS et/ou CS présentant 50 à 150 unités disaccharidiques. Quatre SDCs ont été identifiés chez l'homme : Le SDC-1 et SDC-4 présentent des chaînes de type HS et CS, les SDC-2 et -3 présentent des chaînes de type HS.

Le SDC-1 est exprimé majoritairement à la membrane des cellules épithéliales. Son interaction avec les protéines de la matrice extracellulaire régule l'adhérence et la morphologie cellulaire par l'intermédiaire d'une interaction avec le cytosquelette d'actine (Iozzo and Sanderson, 2011).

Le SDC-2 est exprimé à la surface des cellules endothéliales, fibroblastiques, mésenchymateuses et dans le tissu neuronal (Alexopoulou and others, 2007). Le SDC-2 est impliqué dans la régulation et l'organisation du cytosquelette, via l'activation de molécules d'adhérence (FAK, focal adhesion kinase). Une surexpression du SDC-2 est associée à de nombreux cancers, notamment les cancers du côlon et du poumon. Par son interaction avec les facteurs de croissance VEGF, FGF et EGF, il participe aux mécanismes d'angiogenèse (Fears and others, 2006).

Le SDC-3 est exprimé de manière importante dans les tissus neuronaux, dans les ostéoblastes et dans certains tissus du muscle squelettique (Imai and others, 1998). Il est impliqué dans la formation du squelette et dans la pathogenèse de l'obésité (Pacifici and others, 2005; Zheng and others, 2010).

Le SDC-4 est ubiquitairement présent à la surface cellulaire. Il est impliqué au niveau des contacts focaux. Il interagit avec les composants de la matrice extracellulaire, dont la fibronectine. Cette interaction est responsable de l'adhérence et de l'étalement cellulaire. Le SDC-4 est également impliqué dans la signalisation intracellulaire induite par son interaction avec le FGF-2 (Murakami and others, 2002).

Chaque SDC possède un domaine extracellulaire en position N-terminale portant des chaînes HS ou CS. Ce domaine interagit, via ces chaînes, avec des facteurs de croissance liant l'héparine comme le VEGF, FGF, PDGF et TGF-β, des protéases, des chimiokines et des cytokines. Ces interactions sont médiées via des sites de liaison situés sur les chaînes GAGs. Ces sites diffèrent en fonction des modifications post-traductionnelles des chaînes GAGs. Dans le cas des chaînes GAGs de type HS, une combinaison d'une 2-O- et 6-O-sulfatation est nécessaire à la synthèse des sites de liaisons au FGF-2, alors que l'activité d'une 3-O-sulfotransférase est indispensable à la génération du site de liaison à l'antithrombine (-1 ou -3). Ainsi l'expression et l'activité des sulfotransférases peuvent moduler les fonctions des SDCs. Le domaine extracellulaire est faiblement conservé, contrairement au domaine transmembranaire et intracytoplasmique.

Le domaine transmembranaire est hydrophobe. En association avec le domaine cytoplasmique, il joue un rôle dans la transduction de signaux intracellulaires. Les SDCs interagissent avec des molécules du cytosquelette, et induisent la phosphorylation de substrats intracellulaires (kinases, GTPase). Ces interactions sont régulées par une oligomérisation des SDCs, dont le motif GXXXG présent dans le domaine transmembranaire est responsable. En dehors de ce motif, il existe d'autres résidus impliqués dans l'oligomérisation. Les quatre derniers résidus du domaine N-terminal sont responsables de l'oligomérisation du SDC-3, à la surface des cellules du foie (hépatocytes) (Carey, 1997).

Le domaine intracytoplasmique possède un court domaine C-terminal. Les molécules de SDC-4 interagissent avec les molécules de la matrice extracellulaire. Ceci entraîne une interaction entre le domaine C-terminal des SDC-4 et des protéines du cytoplasme qui modulent l'état du cytosquelette cellulaire. **Figure 17 (page 50).**

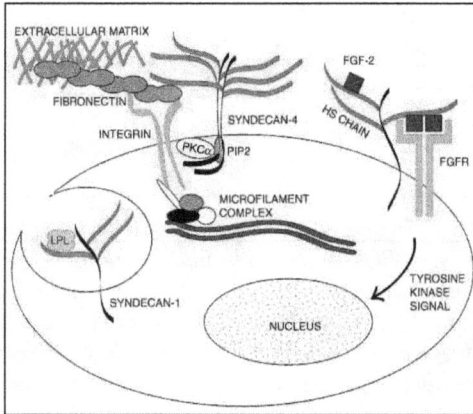

Figure 17 : _Protéines membranaires impliquées dans la modulation du cytosquelette (Tumova and others, 2000)._ _Le PGHS syndécanne-4 (SDC-4) interagit avec des protéines du cytosquelette. Les chaînes GAGs portées par le SDC-4 interagissent avec des molécules de la matrice extracellulaire (dont la fibronectine) qui sont liées à des protéines transmembranaires impliquées dans l'adhérence cellulaire (intégrines). Le SDC-4 et les intégrines modulent les microfilaments du cytosquelette, dont la conséquence est une variation de l'adhérence cellulaire._

Le domaine C-terminal se divise en trois régions : deux domaines conservés (C1 et C2) séparés par un domaine variable (V) spécifique à chaque SDC **Figure 18 (page 51).**

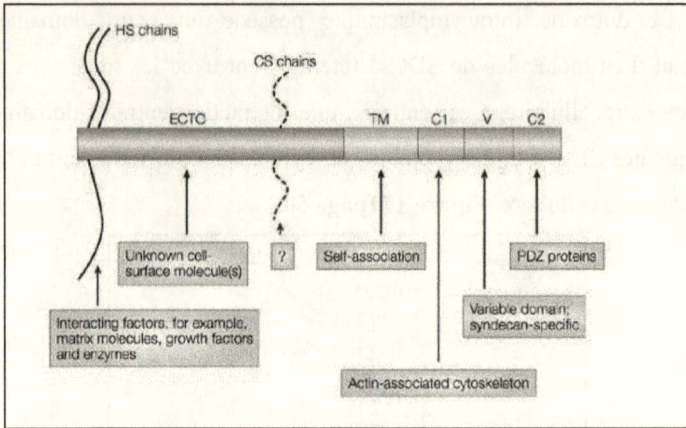

Figure 18 : *Structure du syndécanne (Couchman, 2003). Le syndécanne est un PG transmembranaire. Il possède un domaine extracellulaire où sont associées les chaînes GAGs sulfatés, liant des facteurs solubles. L'ectodomaine est la région cible des protéases permettant le clivage de la région amino-terminale des PGs (shedding). Un domaine transmembranaire maintien le PG à la membrane cellulaire. Le domaine intracellulaire est divisé en trois régions : Deux régions conservées C1 et C2 et une région variable V.*

Le domaine C1, impliqué dans la multimérisation des SDCs, est proche de la membrane. Ce domaine est conservé dans les quatre SDCs humains. Il se lie à des molécules de type tubuline, Src kinase, ezrine et cortactine, qui sont impliquées dans la régulation de l'état du cytosquelette de la cellule (Zong and others, 2009).

Le domaine C2 présente un domaine de liaison aux protéines contenant un domaine PDZ. Parmi ces protéines, quatre lient les molécules de SDCs : synténine, synectine, synbindine et les protéines calcium/calmoduline sérines kinases dépendantes (Tkachenko and others, 2005).

Le domaine variable est spécifique de chaque SDC. Dans le SDC-4, cette région possède un motif aminé Glutamate-Phénylalanine-Tyrosine-

Alanine (-EFYA-) liant des molécules PIP_2 (phosphatidylinositol-4,5-biphosphate).

L'interaction de facteurs de croissance avec le SDC-4 induit une signalisation intracellulaire. Il a été montré que la liaison du FGF-2 au SDC-4 induit une signalisation intracellulaire responsable de la migration de cellules endothéliales. En effet, la liaison du FGF-2 aux chaînes HS du SDC-4 a pour conséquence la liaison du PIP2 au domaine C2. Le domaine C2 interagit avec les protéines à domaines PDZ. Cette interaction stimule la déphosphorylation de la Sérine 183 du domaine C1 et la fixation de la PIP2 au domaine variable, induisant une oligomérisation des SDC-4. Cette oligomérisation active la PKCα impliquée dans la migration cellulaire par l'intermédiaire des petites protéines G, Rho, Rac-1 et du cytosquelette (Horowitz and Simons, 1998) **Figure 19 (page 53)**.

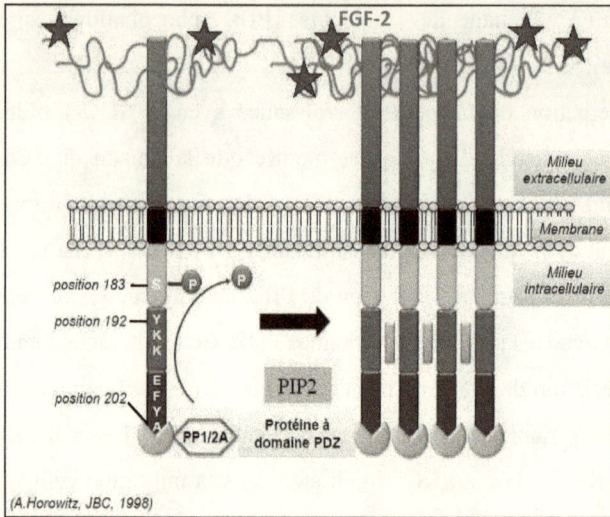

Figure 19 : _Région intracytoplasmique du SDC-4 dans la signalisation cellulaire._ _La fixation du facteur soluble FGF-2 aux chaînes HS induit la liaison d'une phosphatase (PP1/2A) sur le domaine C2 du SDC-4, permettant ainsi une interaction avec les protéines à domaine PDZ. Cette interaction induit la déphosphorylation de la Sérine 183 du domaine C1 et la fixation du PIP2 sur la région variable, conduisant ainsi à l'oligomérisation du SDC-4. La PKCα ainsi activée stimule des protéines G et du cytosquelette modulant la migration cellulaire._

Il a également été montré des interactions de chimiokines comme le SDF-1/CXCL12 et RANTES/CCL5, avec les SDC-1 et SDC-4. Ces interactions sont impliquées dans l'invasion des cellules du carcinome hépatocellulaire (Charni and others, 2009; Friand and others, 2009).

B- Rôles des chimiokines

B.1 Généralités

Les chimiokines sont impliquées dans des phénomènes biologiques variés. Elles sont sécrétées par différents types cellulaires. De manière générale, les cellules inflammatoires, les cellules endothéliales activées, les cellules musculaires lisses ou les plaquettes sont les principales cellules sécrétant les chimiokines (Hayes and others, 1998). Le rôle fonctionnel des chimiokines a donné lieu à une seconde classification. Les chimiokines sont divisées en deux groupes suivant leur mode d'expression : les chimiokines induites et les chimiokines constitutives.

1- Les chimiokines constitutives

Les chimiokines constitutives sont exprimées lors du développement embryonnaire et dans l'homéostasie. L'expression de ces chimiokines a lieu principalement dans les organes lymphoïdes secondaires, où elles sont responsables du recrutement *(homing)* des leucocytes (Wallace et al 2004). Parmi les chimiokines constitutives, la CXC- chimiokine SDF-1/CXCL12 joue un rôle dans l'hématopoïèse et le développement embryonnaire. En effet, une délétion génique de SDF-1/CXCL12 chez des souris *sdf-1$^{-/-}$* n'induit pas le recrutement de cellules souches hématopoïétiques possédant le marqueur CD34+ (Whetton and Spooncer, 1998). Dans le développement embryonnaire de la souris, la chimiokine SDF-1/CXCL12 ainsi que son récepteur CXCR4 sont exprimés tôt aux stades du mésoderme et de l'endoderme. Des souris invalidées pour le gène *sdf1* ou pour le gène *cxcr4* meurent pendant la période périnatale, en raison d'une déficience de formation de vaisseaux sanguins. La chimiokine SDF-1/CXCL12 est donc indispensable au développement embryonnaire et dans le recrutement et la mobilisation des cellules souches hématopoïétiques (Nagasawa and others, 1996; Sharma and others, 2011).

2- Les chimiokines inflammatoires

Les chimiokines induites représentent la majorité des chimiokines. L'inflammation et l'infection sont les principales causes du recrutement et de la mobilisation des leucocytes sur le site lésé. Le recrutement des cellules leucocytaires est la conséquence d'une attraction chimiotactique en réponse aux chimiokines sécrétées par le tissu lésé. Ces chimiokines sont dites inflammatoires. Elles sont impliquées dans de nombreuses pathologies, notamment les cancers (cancer du foie, du sein, du colon), les maladies chroniques inflammatoires (polyarthrite rhumatoïde, athérosclérose) et les infections virales ou bactériennes (HIV, infection intestinale au Campylobacter jejuni) (Blanchet and others, 2012; Evans and others, 2012; Guergnon and Combadiere, 2012; Hu and others, 2012; Veillard and others, 2004).

L'expression de ces chimiokines est induite par des stimuli tels que les cytokines (TNF-α) ou des corps étrangers (bactéries). L'expression des chimiokines peut être modulée au niveau transcriptionnel. Les principaux facteurs de transcription, présents dans la majorité des cellules et impliqués dans la régulation de l'expression génique des chimiokines sont (Lu and others) :

- NFκB (Nuclear Factor kappa B) ;
- AP-1 (Activator Protein-1) ;
- C/EBP (Ccaat-enhancer-binding protein) ;
- NFAT (Nuclear Factor of activated T cells).

Il existe des chimiokines qui sont à la fois homéostatiques et inflammatoires, telle que la CC- chimiokine, Regakine-1. Cette chimiokine est présente de manière constitutive dans le plasma et permet l'attraction des neutrophiles dans la circulation. Lors d'une infection, la Regakine-1 coopère avec la CXC- chimiokine IL-8/CXCL8 et stimule la mobilisation des neutrophiles dans le tissu inflammatoire (Struyf and others, 2005).

B.2 Rôles biologiques

Les chimiokines exprimées de manière induite ou constitutive exercent deux principaux rôles :

- Recrutement et mobilisation des cellules circulantes (leucocytes ou progéniteurs) au cours de cancers, de l'inflammation et de processus de cicatrisation.
- Modulation de l'angiogenèse (Affolder and others, 2000; Matsuo and others, 2009; Wallace and others, 2004).

1- Recrutement et mobilisation des cellules

Le mécanisme de recrutement des cellules circulantes par chimioattraction est commun aux chimiokines inflammatoires et aux chimiokines constitutives.

Les chimiokines sont sécrétées par les cellules tissulaires (macrophages, cellules tumorales) et les cellules composant les vaisseaux (cellules endothéliales activées ou musculaires lisses) (Speyer and Ward, 2011). Les stimuli (cytokines, bactéries) régulent l'expression des chimiokines. Par exemple, l'expression de la CXC- chimiokine IL-8/CXCL8 est régulée par une activation des cellules endothéliales en réponse au TNF-α. Cette cytokine interagit avec ses récepteurs TNFR-1 et TNFR-2 présents sur l'endothélium. Cette interaction active des facteurs de transcription, tels que NFκB. Le NFκB est une famille de cinq protéines dimériques : Rel-A (p65), Rel-B, c-Rel, p50 et p52. Le NFκB est présent dans le cytoplasme sous forme inactive par une liaison avec son inhibiteur IκB. Une cascade d'activation de protéines cytoplasmiques phosphoryle IκB entraînant une ubiquitination et une dégradation d'IκB par le protéasome. Ainsi NFκB libre est transloqué dans le noyau et se lie à des promoteurs de gènes cibles **Figure 20 (page 57)** (Lu and others). Les ARNm codant pour les chimiokines concernées sont alors traduits.

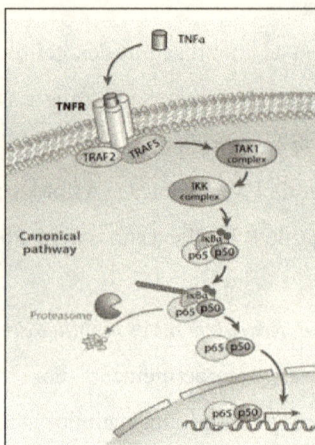

Figure 20 : *Voie de signalisation canonique de NFκB (Skaug and others, 2009). Le complexe protéique IKK est recruté par la protéine NEMO, permettant sa phosphorylation par le complexe TAK1. Les sous-unités de NFκB (dont p65-p50) sont maintenues sous forme inactives dans le cytoplasme par la liaison avec IκBα. La phosphorylation d'IκBα, par le complexe IKK, conduit à sa dégradation dans le protéasome. Les sous-unités de NFκB ainsi libérées rentrent dans le noyau afin d'interagir avec les gènes cibles.*

Les protéines synthétisées sont sécrétées dans la matrice extracellulaire où elles participent à l'établissement d'un gradient chimiotactique, attirant les cellules circulantes (leucocytes ou cellules progénitrices).

Les cellules circulantes recrutées adhèrent sur l'endothélium par un phénomène de roulement, mettant en jeu des protéines membranaires présentes sur les leucocytes (intégrines ; PSGL-1 (P-selectin glycoprotein ligand-1)). Ces intégrines interagissent avec les molécules d'adhérence P- et E- sélectines, exprimées à la surface des cellules endothéliales. Cette première adhérence est faible et est suivie par un attachement plus ferme des leucocytes sur l'endothélium. Cette interaction met en jeu d'une part les chimiokines portées par les chaînes PGs (PGHS) situées sur l'endothélium et qui interagissent avec leurs RCPGs leucocytaires, d'autre part des intégrines leucocytaires qui interagissent avec les molécules d'adhérence endothéliales, les intercellular cell adhesion molecules (ICAM)-1 et vascular cell adhesion molecule (VCAM)-1. Ces interactions stabilisent l'adhérence des leucocytes leur permettant de transmigrer à travers l'endothélium (Mochizuki, 2009). **Figure 21 (page 59)**.

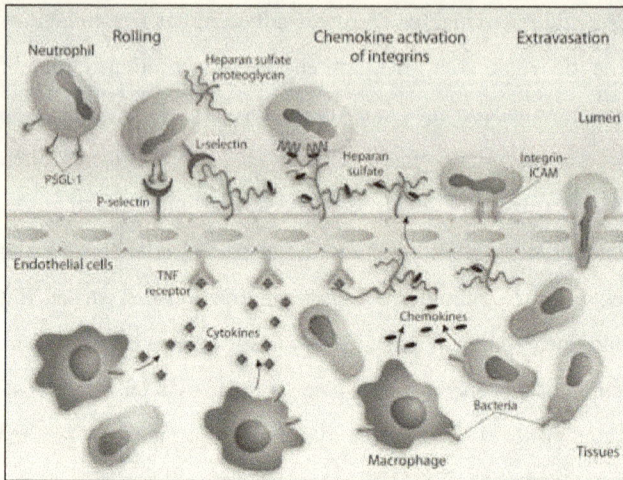

Figure 21 : *Mécanisme d'arrêt des leucocytes sur l'endothélium (Parish, 2005). Un stimulus inflammatoire induit la production de chimiokines et de cytokines par les cellules tissulaires (macrophages), responsables de la chimioattraction de cellules circulantes (leucocytes). Les leucocytes recrutés sont ralentis sur l'endothélium via les sélectines (phénomène de « rolling »). Les leucocytes sont ainsi à proximité de l'endothélium. Les RCPGs portés par les leucocytes interagissent avec les chimiokines associées aux PGs présents à la membrane des cellules endothéliales. Cette interaction active les RCPGs qui induisent un signal intracellulaire activant ainsi les intégrines présents sur les leucocytes. L'interaction des intégrines avec leur ligand (par exemple ICAM) présent à la surface des cellules endothéliales est responsable de l'adhérence des leucocytes sur l'endothélium. La chimiotaxie des leucocytes vers le site inflammé est initiée par la transmigration à travers l'endothélium et est suivie d'une migration.*

Les CXC- chimiokines Fractalkine/CXCL16 et SR-PSOX/CX3CL1 sont associées à la surface des cellules. En effet, la structure de ces chimiokines présente un domaine C-terminal associé à un domaine mucine transmembranaire lié au domaine N-terminal (Ludwig and Mentlein, 2008) **Figure 22 (page 60)**. Elles sont ainsi dénommées chimiokines membranaires. Ces chimiokines sont exprimées à la surface des cellules endothéliales, des cellules musculaires lisses et des cellules gliales (Ludwig and Mentlein, 2008).

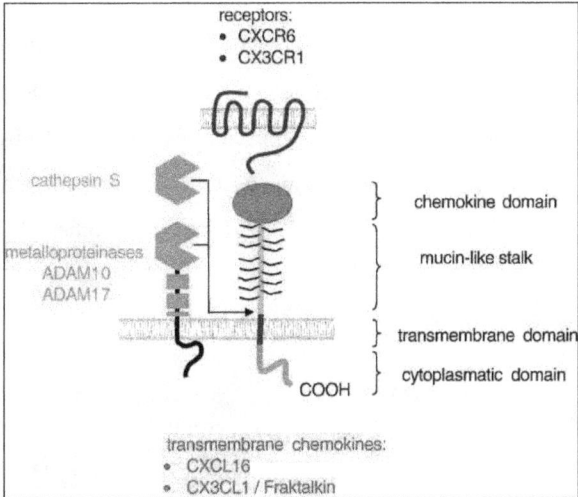

Figure 22 : _Structure des chimiokines membranaires CXCL16 et CX3CL1 (Ludwig and Mentlein, 2008)._ _La chimiokine CXCL16 est une protéine transmembranaire. Le domaine extracellulaire interagit spécifiquement avec des RCPGs (CX3CR1, CXCR6). Le domaine mucine permet l'ancrage dans la membrane cellulaire. Le domaine transmembranaire est associé au domaine intracellulaire C-terminal. Les protéases ADAM-10, ADAM-17 et cathepsine S clivent le domaine extracellulaire afin de solubiliser la chimiokine._

Elles jouent deux rôles biologiques. Ces chimiokines membranaires, comme les molécules d'adhérence, sont impliquées dans l'arrêt et la rétention des cellules présentant des récepteurs CXCR16 et CX3CR1 (les monocytes, les cellules dendritiques) (Ludwig and Mentlein, 2008; Shimaoka and others, 2004). Ces chimiokines peuvent également être solubles sous l'effet d'un clivage par les enzymes ADAM-10 et -17 (A

Desintegrin And Metalloproteinase). Elles peuvent interagir avec leurs récepteurs spécifiques présents sur les leucocytes ou à la surface des cellules neuronales (Schulte and others, 2007). Cette interaction induit l'activation de facteurs de transcription, tel que AP-1 impliqué dans la voie de signalisation PI3K dans les cellules neuronales. Cette activation est responsable de la prolifération et de la migration cellulaire **Figure 23 (page 61)**. La prolifération des cellules musculaires lisses peut être activée par l'axe CXCL16-CXCR16 via l'induction de l'expression de la cytokine TNF-α (Chandrasekar and others, 2003; Ludwig and others, 2002).

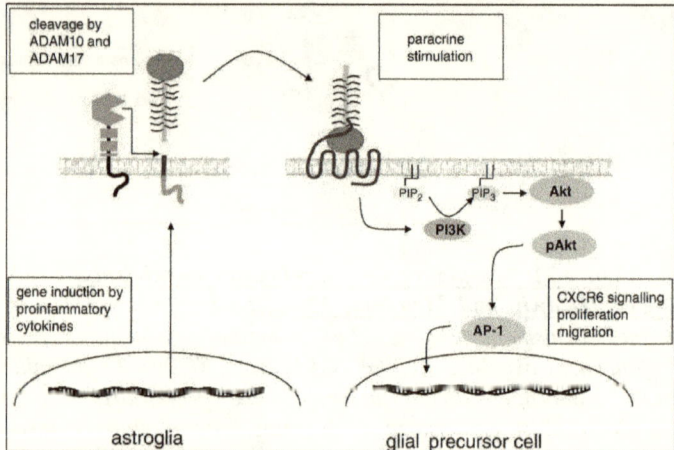

Figure 23 : *Interaction de CXCL16 avec son récepteur CXCR16 (Ludwig and Mentlein, 2008).* *Le clivage du domaine extracellulaire solubilise la chimiokine lui permettant ainsi d'interagir de manière paracrine avec son récepteur membranaire (CX3CR1). Cette interaction active la voie PI3K responsable de la migration et de la prolifération cellulaire. Le domaine intracellulaire est internalisé.*

2- Rôle dans l'inflammation

Le recrutement et la mobilisation des leucocytes initient le développement de maladies inflammatoires. Dans la pathologie chronique inflammatoire de l'athérosclérose, une lésion de l'endothélium par un dépôt de lipoprotéines de cholestérol (LDL, low density lipoprotein) active la sécrétion de cytokines (TNF-α) et de chimiokines (RANTES/CCL5 ; MCP-1/CCL2) (Hayes and others, 1998). Le LDL-cholestérol traverse l'endothélium et est oxydé.

Les chimiokines sécrétées par les plaquettes, les cellules musculaires lisses et les cellules endothéliales sont retenues dans la matrice extracellulaire adjacente par liaison aux PGHS, et attirent par chimiotaxie les monocytes. Les monocytes recrutés transmigrent à travers l'endothélium. Les macrophages dérivés des monocytes forment des cellules spumeuses par phagocytose des molécules de LDL-cholestérol oxydé. L'accumulation des cellules spumeuses forme une chape fibreuse lipidique responsable des obstructions artérielles, conduisant à des infarctus du myocarde (cardiopathies), des accidents vasculaires cérébraux (AVC) ou des artériopathies.

3- *Rôle dans la réparation tissulaire*

Au cours de la réparation tissulaire, les chimiokines sont responsables du recrutement et de la mobilisation de cellules progénitrices venant de la moelle osseuse. SDF-1/CXCL12 a été décrite pour recruter des cellules circulantes particulières, les cellules progénitrices endothéliales (CPE), impliquées dans la formation de nouveaux vaisseaux. L'expression de la chimiokine SDF1/CXCL12 est augmentée dans des conditions pathologiques, notamment par l'hypoxie (Kollet and others, 2003; Petit and others, 2007). Dans des conditions d'hypoxie, SDF1/CXCL12 est surexprimée dans l'heure qui suit l'ischémie (Ceradini and others, 2004). Cette surexpression est induite par l'activation du facteur de transcription, hypoxia-induced factor (HIF). Ce facteur est stimulé uniquement dans des conditions d'appauvrissement en oxygène. L'interaction chimiokine SDF-1/CXCL12-CXCR4 a été mise en évidence dans le recrutement de CPE dans des conditions d'hypoxie. Le récepteur CXCR4 présent à la surface des CPE interagit avec SDF1/CXCL12, permettant ainsi l'immobilisation de ces cellules à la surface de l'endothélium (De Falco and others, 2004). Les CPE mobilisées deviennent des cellules endothéliales, formant une vascularisation collatérale irriguant de nouveau le tissu ischémié.

Outre leur rôle chimiotactique dans le recrutement des cellules circulantes, les chimiokines interagissent avec leurs RCPGs, stimulant des cascades de signalisation intracellulaire via la protéine G. Ces interactions sont responsables de la régulation de l'expression de protéines (intégrines ; sélectines) impliquées dans l'adhérence cellulaire. La modulation des effets biologiques (migration, prolifération, différenciation) sont également la conséquence d'une interaction chimiokine-RCPGs (Cotton et al., 2009). Les chimiokines MCP-1/CCL2 et RANTES/CCL5 à travers leurs RCPGs respectifs CCR1, CCR2 et CCR1, CCR5, activent les voies de signalisation MAPK, JUN/SAPK et STAT et la voie calcique (Proudfoot and others, 2003a) **Figure 24 (page 64)**. Dans la réparation tissulaire, ces voies de signalisation sont responsables de l'activation de facteur de transcription (NFκB, NFAT) induisant, entre autres, la migration et la survie des cellules endothéliales (Schwabe and others, 2003).

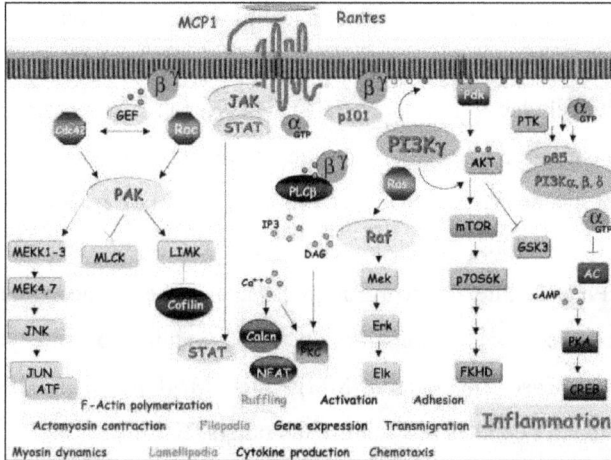

Figure 24 : *Signalisation intracellulaire induite par l'axe chimiokine-RCPGs (Proudfoot and others, 2003b).* *L'interaction des chimiokines à leurs RCPGs induit de nombreuses voies de signalisation impliquées dans divers effets biologiques. Par exemple, l'interaction de MCP-1/CCL2 avec CCR1 active la voie des JAK/STAT impliquée dans la stimulation de facteurs de transcription activant des gènes cibles mis en jeu dans l'inflammation.*

4- Chimiokine et Cancer

Au cours du processus de tumorigenèse, les cellules tumorales ont la capacité de proliférer sans contrôle et de migrer à partir d'une tumeur primaire vers les organes cibles (tumeur secondaire) pour former des métastases (Fidler, 2003; Gassmann and others, 2004; Park and others, 2000). Dans les cancers, les chimiokines sont exprimées dans des organes cibles ou au niveau de la tumeur primaire.

Certaines chimiokines induisent l'adhérence, la prolifération et la migration de cellules tumorales possédant à leur membrane leurs récepteurs spécifiques. SDF-1/CXCL12 a fait l'objet de nombreuses recherches dans la détermination de l'invasion tumorale, notamment dans les cancers du sein, du foie et du poumon. Les cellules tumorales du sein expriment CXCR4, permettant ainsi l'interaction avec SDF1/CXCL12 qui induit la mobilité cellulaire via les voies FAK/Rho/Rac-1. Cette interaction stimule également un complexe trimérique composé de Cbl/PI3K associé aux tyrosines phosphatases SHP2 et impliqué dans la migration des tumeurs (Ben-Baruch, 2009; Prasad and others, 2004).

Pour faciliter la dégradation de la matrice extracellulaire associée aux cellules, les chimiokines peuvent induire la surexpression de métalloprotéases matricielle MMP-2 et MMP-9, indispensables à la migration des cellules (Bartolome and others, 2006).

Les tumeurs sécrètent également certaines chimiokines inflammatoires qui ont pour fonction de recruter des leucocytes. Ces leucocytes recrutés dans le stroma tumoral sécrètent des médiateurs angiogéniques, formant ainsi une vascularisation indispensable à la dissémination et la survie des cellules tumorales (Kiefer and Siekmann, 2011).

Des CC- chimiokines sont également impliquées dans ce processus métastasique. En effet, il a été démontré par (Dagouassat and others, 2010)) que la chimiokine MCP-1/CCL2, sécrétée par les cellules étoilées du foie, induit la migration et l'invasion de cellules de carcinome hépatocellulaire (CHC). MCP-1/CCL2 interagit avec CCR1 et CCR2 présents sur des lignées cellulaires de CHC. MCP-1/CCL2 interagit également avec les PGHS, SDC-1 et SDC-4, pour médier ses effets. Cette chimiokine modulerait l'expression et l'activation des MMP-2 et MMP-9, facilitant l'invasion tumorale. D'autres chimiokines ont des effets similaires dans le développement du CHC (Brule and others, 2009; Charni and others, 2009; Friand and others, 2009).

5- *Chimiokines et angiogenèse*

Dans des tissus sains, il existe un équilibre des facteurs de croissances avec une prédominance pour les facteurs angiostatiques, inhibant la formation de vaisseaux. Les cellules endothéliales dans des conditions physiologiques sont inactives. Lors d'un stimulus, généralement provoqué par une variation de flux, l'endothélium est activé. Cette activation induit la sécrétion de facteurs protéiques impliqués dans la formation de néo-vaisseaux. Ces facteurs sont principalement le VEGF et FGF-b. Ils participent à la formation de bourgeons vasculaires en activant la migration, la prolifération des cellules endothéliales (cellules de tête et cellules d'élongation) et en stimulant la sécrétion de protéases, impliqués dans la dégradation de la matrice extracellulaire.

L'angiogenèse chez l'adulte est un phénomène rare et induit en général dans des conditions proches de l'hypoxie. Elle est régulée par une balance entre les facteurs pro- et anti-angiogéniques. Lors de phénomènes de réparation tissulaire ou de progression tumorale, les cellules environnantes ainsi que l'endothélium secrètent des chimiokines. Les chimiokines peuvent être angiogéniques ou angiostatiques.

Le rôle des chimiokines dans l'angiogenèse est double : D'une part, les chimiokines interagissent avec des RCPGs présents à la membrane des cellules endothéliales, activant ainsi la migration et la prolifération de ces dernières, pour former de nouveaux vaisseaux. Dans la réparation de cornées, les chimiokines MCP-1/CCL2, Fractalkine/CXCL1, RANTES/CCL5 et SDF-1/CXCL12 activent la migration et la formation de tubes de cellules endothéliales (Stacey et al., 2009). D'autre part, les chimiokines sécrétées par les cellules endothéliales recrutent des leucocytes. L'interaction des chimiokines avec les RCPGs présents à la surface des leucocytes induit la sécrétion de facteurs angiogéniques tel que le VEGF. Ces facteurs interagissent avec leurs récepteurs présents à la surface de l'endothélium stimulant ainsi l'angiogenèse (Kiefer and Siekmann, 2011). Enfin il a été démontré que certaines chimiokines sont capables de recruter des cellules progénitrices endothéliales (CEP), acteurs de la formation de nouveaux vaisseaux. Lors d'une ischémie, SDF-1/CXCL12 induit le recrutement de CPE et leur mobilisation sur l'endothélium, à travers l'expression d'intégrines (Ishida and others, 2012; Zemani and others, 2008). Les CXC- chimiokines sont parmi les premières à avoir été étudiées. Elles sont subdivisées en 2 classes, selon l'existence d'un motif composé de trois acides aminés, Acide Glutamique-Leucine-Arginine (Stanton and others, 2011), présent dans leur séquence d'acides aminés. Les CXC- chimiokines ELR+ sont des chimiokines angiogéniques, et les CXC- chimiokines ELR- sont angiostatiques à l'exception de SDF-1/CXC12 (Burns and others, 2006; Salcedo and others, 1999).

Les chimiokines angiostatiques inhibent la prolifération et l'angiogenèse des cellules endothéliales (Kasper and Petersen, 2011). Le domaine C-terminal de PFA/CXCL4, une chimiokine principalement sécrétée par des mégacaryocytes et les plaquettes, confère des propriétés anti-tumorale, anti-invasive et angiostatique à la chimiokine (Dubrac and others, 2010). Son rôle angiostatique dans l'inhibition de la croissance et de la vascularisation tumorale est médié par son interaction avec CXCR3 et les PGHS (Struyf and others, 2011).

B.3 Régulation des chimiokines

1- Régulation de l'expression génique des chimiokines

La réponse inflammatoire met en jeu l'expression de chimiokines à travers l'activation de facteurs de la transcription (NFAT, NFkB). A l'état basal, pour ne pas avoir une accumulation délétère de protéines inflammatoires, les ARNm ont une durée de demi-vie courte (~ 60 minutes).

La régulation de la durée de demi-vie des ARNm est corrélée à un élément de séquence régulateur cis en position 3'UTR (UnTranslated Region). Cette séquence module l'induction et la répression de l'expression des gènes. La séquence présente dans les ARNm codants pour la plupart des chimiokines (IL-8/CXCL8 ; GROα/CXCL1 ; MCP-1/CCL2) est une ARE (AU-Rich séquence Elements). Cette séquence est associée à un cluster de pentamère AUUUA, riche en Uridine. Des protéines liant l'ARN (TIR, Toll-IL-1-Receptor ; TTP, zinc finger protein) interagissent avec ARE et son pentamère pour moduler la dégradation des ARNm et donc la durée de demi-vie des ARNm.

Les stimuli responsables de la modulation de l'expression génique des chimiokines sont fonction du tissu et de la nature de la lésion (Hamilton and others, 2012). Par exemple à l'état basal, le temps de traduction de la protéine IL-8/CXCL8 est lent. La modulation de l'expression d'IL-8/CXCL8 dépend de l'activation des facteurs de transcription. Dans les cellules épithéliales activées, le facteur de transcription répresseur ICER (Inductible cAMP early repressor) inhibe la production de la chimiokine, alors que le facteur de transcription CREB (cyclic AMP-responsive element-binding protein) induit sa production (Srivastava and others, 2012). Lors d'une stimulation par une cytokine, trois mécanismes se mettent en place pour réguler son expression : 1- Le gène codant pour IL-8/CXCL8 est libéré d'une répression transcriptionnelle, 2- puis une activation de la transcription est induite par les voies NFkB, JUN/SAPK, 3- et enfin l'activation de la voie p38MAPK stabilise l'ARNm (Fan and others, 2005; Hoffmann and others, 2002).

2- Régulation de l'expression protéique des chimiokines

Des récepteurs atypiques de chimiokines (ACR, Atypical Receptor Chemokines) sont composés de quatre membres : DARC (Duffy Antigen Receptor for Chemokines), D6, CCX-CKR et CXCR7. Ces récepteurs ont une structure semblable à celle des RCPGs. Contrairement au RCPGs, ils ne possèdent pas le motif DRY indispensable à l'interaction à la protéine G. Ils interagissent spécifiquement avec des chimiokines, mais n'induisent pas de signalisation intracellulaire. Ils sont dits récepteurs « silencieux ». Les chimiokines sécrétées en excès sont internalisées par ces récepteurs et dégradées dans le protéasome. Ils séquestrent également les chimiokines à la surface cellulaire et rétablissent l'équilibre du niveau des chimiokines libres et celles liées à leurs RCPGs ou PGs. Par exemple, DARC joue un rôle dans le rétablissement d'un équilibre entre les chimiokines présentes dans la matrice et celles liées à la surface des cellules endothéliales. Cette régulation est corrélée à une internalisation des chimiokines (MCP-1/CCL2) associées à DARC afin d'être dégradées dans le protéasome (Hansell and others, 2011). Dans des tumeurs de sein, le récepteur CXCR7 régule la présence de la chimiokine SDF-1/CXCL12 (Ray and others, 2012). CXCR7 module de cette manière la signalisation intracellulaire induite par l'interaction du SDF-1/CXCL12 à CXCR4 dans des tumeurs du pancréas (Kumar and others, 2012; Zoughlami and others, 2012).

C- La chimiokine RANTES/CCL5

C.1 Généralités et structures

La chimiokine Regulated upon Activation Normal T-Expressed and Secreted (RANTES/CCL5) appartient à la famille des CC- chimiokines. Chez l'homme, le gène codant pour la protéine RANTES/CCL5 est situé sur la région q11.2-q12 du chromosome 17. La protéine traduite possède un poids moléculaire de 10 kDa et est composée de 91 acides aminés, dont 23 acides aminés composent le peptide signal. Après clivage, la protéine mature présente un poids moléculaire de 7.8 kDa.

Différents types cellulaires activés par une lésion ou par des cytokines expriment RANTES/CCL5. Parmi ces cellules, les lymphocytes T, les cellules musculaires lisses, les cellules endothéliales, les fibroblastes et les plaquettes sécrètent RANTES/CCL5 (Krensky and Ahn, 2007; Veillard and others, 2004). RANTES/CCL5 est donc une chimiokine inflammatoire induite.

Le promoteur du gène de RANTES/CCL5 possède des régions où interagissent des facteurs de transcription tel que NFkB (Punj and others, 2012) **Figure 25 (page 71)**. Par exemple, les cellules endothéliales du foie lésées par l'alcool sécrètent RANTES/CCL5, par l'induction de la voie de signalisation NFκB à travers le dimère Rel p50-p65 (Yeligar and others, 2009). D'autres facteurs de transcription sont responsables de l'expression de RANTES/CCL5. L'activation des lymphocytes T par le TNF-α induit l'expression de RANTES/CCL5 par la liaison des facteurs de transcription NFAT-1, NFIL16, RFLAT et KLT13 sur le promoteur de RANTES/CCL5 (Krensky and Ahn, 2007).

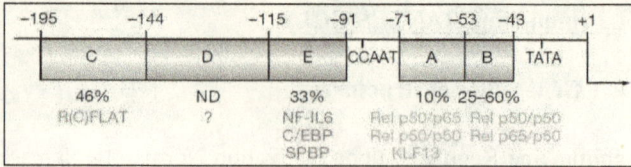

Figure 25 : *Région du promoteur de RANTES/CCL5 (Krensky and Ahn, 2007).* Le promoteur de RANTES/CCL5 est divisé en cinq régions sur lesquelles divers facteurs de transcription sont capable de se lier.

L'expression génique de RANTES/CCL5 peut également être modulée par l'existence de polymorphismes nucléotidiques (SNP, single nucleotid polymorphism). Le SNP provient de la modification d'un nucléotide et peut dans certains cas avoir des conséquences sur l'activité transcriptionnelle du gène. Des séquences codantes ou non au niveau du gène *rantes/ccl5* présentent une substitution, une délétion ou une insertion d'un nucléotide, modifiant ainsi la protéine synthétisée. Sept SNP ont été décrits codant dans le gène pour RANTES/CCL5. Le portage de ces polymorphismes peut être associé à la sévérité et la susceptibilité de développer des maladies (Navratilova, 2006). Ainsi, le polymorphisme de RANTES-403 G/A est un variant associé à la sévérité de l'inflammation dans de nombreuses pathologies, comme la polyarthrite rhumatoïde, le rejet de greffe et le carcinome hépatocellulaire chez des patients infectés par le virus de l'hépatite C. Les polymorphismes RANTES-403 G/A et RANTES-28 C/G sont associés au risque de développement de maladies coronariennes, d'anévrismes abdominaux aortiques et à l'angiogenèse au cours du développement tumoral (Lu and others).

Le polymorphisme CCR5Δ32 augmente le risque d'anévrisme de l'aorte abdominale (AAA) (Ghilardi and others, 2004) et est impliqué dans le développement des infarctus du myocarde (Lu and others). Dans les infections au virus de l'immunodéficience humaine (VIH), le portage allélique de ce variant à l'état homozygote semble protéger l'individu de l'entrée du virus (souche R5) dans les cellules permissives (O'Brien and Moore, 2000).

1- Structure de RANTES/CCL5

La protéine synthétisée de RANTES/CCL5 est petite, globulaire et stable. Sa structure tridimensionnelle démontre une organisation composée d'une région N-terminale suivie par un court feuillet β (β0) antiparallèle. Deux résidus cystéines adjacents en position 10 et 11 sont liés par un pont disulfure aux cystéines 34 et 50. Puis une boucle composée d'une répétition de trois acides aminés précède trois feuillets β (β1- 3), où se situent les sites de liaisons aux chaînes GAGs de type HS (Arginine 44, Lysine 45 et Arginine 47). Le domaine C-terminal est associé à une hélice α (Vangelista and others, 2008) **Figure 26 (page 72)**.

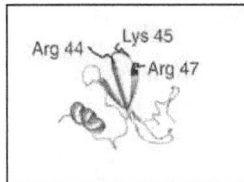

Figure 26 : _Structure de la chimiokine RANTES/CCL5 (Handel and others, 2005)._ _La CC- chimiokine RANTES/CCL5 possède un domaine N-terminal, suivie de trois feuillets β et d'une hélice α en C-terminal. Les résidus Arginine (Arg) en position 44, Lysine (Lys) en position 45 dans la boucle 30s et Arginine en position 47 dans la boucle 40s interagissent avec les GAGs de type HS._

En solution, la chimiokine RANTES/CCL5 est dimérique ou monomérique. Elle interagit spécifiquement avec les résidus 2 à 15 du domaine N-terminal des récepteurs CCR1 et CCR5, présents à la surface de nombreuses cellules. En effet, CCR5 est sulfaté sur les résidus Tyrosines 3, 10, 14 et 15 du domaine N-terminal. Ces sulfatations sont la conséquence de modifications post-traductionnelles de CCR5 (Duma and others, 2007). Les résidus présents dans le domaine N-terminal (Asparagine-2, Tyrosine-3, Tyrosine-7, Tyrosine-10, Asparagine-11, Thréonine-16, Arginine-17, Glutamine-18, Proline-21, Alanine-22 et Lysine-26) de RANTES/CCL5 interagissent avec les RCPGs (Fernandez and Lolis, 2002; Wang and others, 2011).

Suivant la concentration de RANTES/CCL5 et le pH de la solution, RANTES/CCL5 peut exister sous forme d'oligomère. Par exemple, RANTES/CCL5 à une concentration de l'ordre du micro-molaire dans une solution à pH 3.8 se dimérise alors qu'à un pH plus élevé la chimiokine s'oligomérise (Duma and others, 2007). Cette structure ne semble pas être indispensable pour l'interaction de RANTES/CCL5 avec ses récepteurs.

C.2 Les rôles biologiques de RANTES/CCL5

Lors d'une lésion tissulaire, RANTES/CCL5 est sécrétée dans la matrice extracellulaire où elle interagit avec les chaînes GAGs de type HS. Ces chaines GAGs sont responsables de son maintien dans la matrice extracellulaire, établissant de cette manière un gradient de chimioattraction. Le recrutement de cellules circulantes est suivi d'une interaction de RANTES/CCL5 avec les récepteurs ou corécepteurs présents à la surface des cellules. Les cellules recrutées par RANTES/CCL5 sont les lymphocytes T, les monocytes, les polynucléaires basophiles et éosinophiles, les cellules natural killer (NK), les cellules dendritiques et les cellules progénitrices hématopoïétiques CD34+ (Krensky and Ahn, 2007; Navratilova, 2006).

Il a été démontré dans certaines maladies rénales (Krensky and Ahn, 2007) que les fibroblastes activés sécrètent RANTES/CCL5 via une activation de la voie NFκB. RANTES/CCL5 recrute des lymphocytes T (L_T) et interagit avec CCR5 présent à leur surface. L'expression de RANTES/CCL5 est retrouvée dans les cinq jours suivant la lésion. Cette expression tardive est responsable du maintien de l'état inflammatoire du site lésé. RANTES/CCL5 est donc une chimiokine qui maintient l'inflammation et facilite l'infiltration de cellules inflammatoires. Elle est ainsi impliquée dans diverses pathologies virales (VIH), inflammatoires (athérosclérose, arthrite, maladies autos-immunes, rénales, asthme) et dans des cancers (foie, sein, poumon).

Dans l'infection au VIH, le virus interagit avec CCR5 permettant son entrée dans les cellules permissives. RANTES/CCL5 rentrerait en compétition avec le virus dans l'interaction avec CCR5. Ces données ont permis le développement de stratégies thérapeutiques (Krensky and Ahn, 2007).

RANTES/CCL5 et ses récepteurs sont également impliqués dans le développement de maladies inflammatoires chroniques. Par exemple, au cours de l'athérosclérose, la progression de la plaque athéromateuse est corrélée à la présence de chimiokines pro-inflammatoires. RANTES/CCL5 est hautement exprimée dans les plaques athéromateuses et participe à leur développement (Montecucco and others, 2012; Veillard and others, 2004). Elle est sécrétée par différents types cellulaires impliqués dans la composition de l'artère (cellules endothéliales et cellules musculaires lisses) mais aussi par des cellules recrutées lors de la lésion de l'intima (plaquettes, monocytes/macrophages) (Schober and others, 2002). Les plaquettes activées qui sont stabilisées sur l'endothélium par interaction avec des molécules de P-sélectine, sécrètent RANTES/CCL5. RANTES/CCL5 s'associe aux chaînes GAGs de type HS et à ses récepteurs, recrutant ainsi des monocytes qui transmigrent à travers l'endothélium, et qui se différencient en macrophages. Met-RANTES/CCL5, un antagoniste de RANTES/CCL5 est incapable d'interagir avec ses récepteurs (Baltus and others, 2003). Il diminue l'infiltration des leucocytes (Lymphocyte T et macrophages), ce qui retarde le développement de la plaque athéromateuse (Schober and others, 2002). Met-RANTES/CCL5 module également l'expression génique de CCR1 et CCR5 dans les tissus athérosclérotiques vasculaires (Veillard and others, 2004). Concernant les récepteurs de RANTES/CCL5, CCR1 et CCR5, des rôles opposés ont été décrit dans le développement de la plaque d'athérome, en fonction des outils expérimentaux testés. Des études sur des souris $ldl^{-/-}$ et $ccr5^{-/-}$ ayant subi une lésion de l'artère, montrent une diminution de l'infiltration des leucocytes. Il a ainsi été mis en évidence que le récepteur CCR5 serait davantage impliqué dans le développement de cette maladie que CCR1 (Veillard and others, 2004). Alors que, dans un modèle de souris a$poE^{-/-}$, $ccr5^{-/-}$ il n'y a pas de régression de la pathologie et l''infiltration leucocytaire est maintenue au niveau de la formation de plaques d'athéroscléroses (Braunersreuther and others, 2007; Zernecke and others, 2008).

Un rôle de RANTES/CCL5 a été décrit dans la progression tumorale. Cette chimiokine est exprimée soit par des cellules tumorales primaires (rénales, pancréatiques, ovariennes) soit par des cellules composant le stroma tumoral, telles que les cellules mésenchymateuses. La chimiokine interagit avec son récepteur CCR5 présent sur les cellules tumorales et induit l'invasion tumorale de manière autocrine ou paracrine. RANTES/CCL5 induit aussi le recrutement et la différenciation de cellules inflammatoires (cellules T, cellules dendritiques) en macrophages associés à la tumeur (TAM, tumor associated macrophages), permettant la croissance tumorale (Karnoub and others, 2007; Lapteva and Huang, 2010).

Le rôle de RANTES/CCL5 dans la prolifération tumorale est controversé. Suivant la nature des cellules tumorales, les effets biologiques de RANTES/CCL5 varient. Deux lignées cellulaires de cancer de sein, les MCF7 et les MDA, expriment CCR5. Dans la lignée cellulaire MCF-7, l'interaction de RANTES/CCL5 avec CCR5 induit la transcription du gène codant pour des protéines impliquées dans la croissance et la survie tumorale (cycline-D, c-Myc et Dad-1). A l'inverse dans la lignée MDA, l'interaction RANTES/CCL5-CCR5 active les voies de signalisation p38 MAPK et JAK-2 responsables de l'expression de gènes suppresseurs de tumeur p53 et de ses gènes cibles p21WAF1, Mdm2, réprimant ainsi la prolifération des cellules tumorales (Manes and others, 2003).

> ➤ *Rôle de RANTES/CCL5 dans l'angiogenèse tumorale*

Parmi les rares CC- chimiokines, MCP-1/CCL2 et RANTES/CCL5 ont une activité angiogénique associée à la survie tumorale (Izhak and others, 2012; Soria and others, 2011). Elles sont également impliquées dans la déstabilisation des plaques d'athéromes en induisant une néo-vascularisation (Keeley and others, 2008). MCP-1/CCL2 a récemment été démontré pour participer à la maturation des vaisseaux en recrutant des cellules murales (Aplin and others, 2010).

La chimiokine RANTES/CCL5 a une expression similaire à MCP-1/CCL2. Elle n'est pas exprimée constitutivement par les cellules. Une induction par les cytokines telles que le TNF-α, IFN-γ ou l'IL-1, stimule la sécrétion de RANTES/CCL5 par les cellules tumorales, les TAM (Tumor Associated Macrophages), les fibroblastes, les cellules endothéliales, les cellules musculaires lisses, les leucocytes et les cellules mésenchymateuses (Soria and Ben-Baruch, 2008).

Des publications démontrent que RANTES/CCL5 induit une néo-vascularisation qui participe au développement, à la progression tumorale et à la dissémination de métastases (Soria and Ben-Baruch, 2008).

2- Angiogenèse

A- Généralités – définitions

Les vaisseaux avec le cœur sont les premiers organes à être formés et fonctionnels lors du développement embryonnaire (Chung and Ferrara, 2011; Conway and others, 2001).

A-1 Structure des vaisseaux

La vascularisation est essentielle à la survie tissulaire. Elle est composée d'un système artériel apportant les nutriments et l'oxygène aux tissus, et un système veineux transportant du CO_2 et des déchets cellulaires.

Les vaisseaux (artères, artérioles, capillaires) sont composés d'une monocouche de cellules endothéliales. Elles sont connectées les une aux autres par des jonctions stables, l'ensemble des cellules endothéliales forme l'endothélium. Ces cellules sont disposées dans la direction du flux sanguin permettant une perfusion optimale. C'est le seul type cellulaire en contact direct avec les cellules circulantes. L'ensemble de l'endothélium est aussi appelé intima ou tunique interne.

L'endothélium est dans un état quiescent ; il forme une barrière semi-perméable permettant le transport de protéines, de peptides et d'autres molécules solubles. D'autre part, c'est le principal acteur dans le maintien de l'homéostasie en synthétisant, de manière régulée, la thrombomoduline, l'inhibiteur du facteur tissulaire (FT) et l'activateur tissulaire du plasminogène (t-PA), régulant ainsi la coagulation sanguine (Griffioen and Molema, 2000). L'endothélium sécrète également des molécules vaso-actives régulant le tonus et la croissance vasculaire et permettant ainsi d'assurer un débit sanguin optimal.

L'endothélium est polarisé, par la présence entre autres, de protéines associées à des motifs saccharidiques chargées (chaînes GAGs). Ces PGs lui permettent de se lier à la membrane basale, composée d'une matrice riche en fibronectine, collagènes, et laminine. La membrane basale stabilise le vaisseau, en créant un échafaudage, associant l'endothélium aux péricytes, retrouvés dans des capillaires, ou aux cellules musculaires lisses, composant les gros vaisseaux. Ces cellules contractiles sont ancrées dans la membrane basale, par des jonctions communicantes et des molécules d'adhésion focale. Les cellules musculaires lisses ou les péricytes participent à la vasomotricité du vaisseau et ainsi à la pression du flux sanguin. Dans les artères, cette couche est appelée media, elle est séparée de l'intima par un espace sous-endothélial.

La tunique externe ou adventice est constituée d'une couche de cellules fibroblastiques assurant une protection du vaisseau et participant à son élasticité ; d'autre part, elle est en contact direct avec le tissu conjonctif composé de protéines de la matrice extracellulaire telles que des protéoglycannes. Dans ce tissu se situent les terminaisons nerveuses du système sympathique mais également une microcirculation composée de capillaires irrigant l'adventice. Ces capillaires sont responsables des échanges vitaux. Cette microcirculation est appelée *vasa vasorum*. Ces capillaires sont composés uniquement d'une monocouche endothéliale entourée d'une lame basale associée à des fibroblastes (Gingras and others, 2009; Glass and Witztum, 2001). **Figure 27 (page 80).**

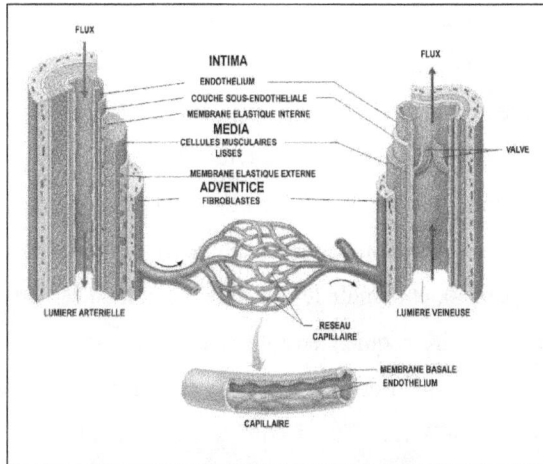

Figure 27 : *Structure de la paroi des vaisseaux (Antranik anatomy sciences 2011)*. *Les vaisseaux artériels et veineux sont composés de trois tuniques : La tunique interne est composée de cellules endothéliales qui sont en contact direct avec le sang. La média est constituée de cellules musculaires lisses. La tunique la plus externe, l'adventice se compose de cellules fibroblastiques. Les membranes élastiques interne et externe entourent uniquement la media des vaisseaux artériels.*

La formation des vaisseaux implique trois mécanismes : la vasculogenèse retrouvée dans le développement embryonnaire, l'artériogenèse et l'angiogenèse présentes chez l'adulte (Carmeliet, 2003; Carmeliet and Jain, 2000; Carmeliet and Jain, 2011).

A-2 La vasculogenèse

Lors du développement embryonnaire, le mésoderme est la source des cellules hémangioblastiques. Ces cellules se différencient en cellules hématopoïétiques et en précurseurs endothéliaux, appelés angioblastes. Les angioblastes sont impliqués dans la formation des vaisseaux sanguins immatures. L'ensemble de ces évènements définit la vasculogenèse (Persson and Buschmann, 2011).

Les angioblastes possèdent des marqueurs cellulaires, tels que le récepteur tyrosine kinase Fetal liver kinase (Flk)-1, connu comme étant l'un des récepteurs du facteur de croissance des vaisseaux endothéliaux (VEGF). Dans le sac vitellin, l'interaction du VEGF à son récepteur stimule les voies de signalisation Sonic Hedgehog (SHH) et Notch signaling activant l'assemblage des angioblastes pour former un réseau vasculaire (plexus), et stimule leur différenciation en cellules endothéliales. Ce réseau vasculaire acquiert ensuite une lumière interne et un phénotype veineux, capillaire ou artériel, en fonction des marqueurs cellulaires acquis. **Figure 28 (page 82).** En effet, la voie de signalisation SHH stimulée par le VEGF, active en cascade la voie de signalisation Notch, fortement exprimée dans les artères et très peu dans les veines (Gridley, 2010). La stimulation de la voie Notch module l'expression des marqueurs des cellules endothéliales de la famille Eph-Ephrin. Ainsi, l'expression d'Ephrin-B2 est accentuée en réponse à Notch conduisant à un réseau artériel, alors que son récepteur Eph-B4 est réprimé par Notch, orientant vers un système veineux.

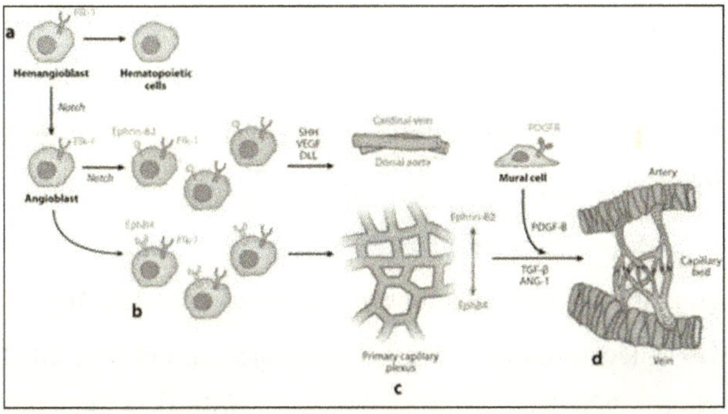

Figure 28 : *Mécanisme de vasculogenèse (Chung and Ferrara, 2011).* *Différenciation d'hémangioblastes (a) en angioblastes (b). Assemblage des angioblastes et formation du plexus. Suivant les marqueurs à la membrane, différenciation en réseau artériel ou veineux (c). Maturation du lit vasculaire (d).*

A-3 L'artériogenèse

Chez l'adulte, l'artériogenèse est un phénomène induit par des contraintes de cisaillement apparaissant lors d'une obstruction, uniquement artérielle. L'artériogenèse ne concerne donc que les artères. Elle est définie par la formation collatérale d'une artériole immature, à partir d'une artère obstruée. La variation de la pression dans la paroi artérielle et la diminution du flux artériel activent l'endothélium, stimulent le flux calcique et potassique transmembranaire des cellules endothéliales et enfin modulent la polarisation des cellules endothéliales. L'endothélium ainsi activé sécrète les facteurs de croissance des fibroblastes (FGF), le facteur de croissance transformant (TGF-β), des chimiokines (MCP-1/CCL2) et des cytokines, tels que le facteur de nécrose tumorale (TNF-α). La chimiokine MCP-1/CCL2 recrute des monocytes sur l'endothélium, qui se différencient en macrophages. Ces derniers participent à la croissance de l'artériole nouvellement formée, en sécrétant des cytokines (Interleukine (IL)-10) et des facteurs de croissance (VEGF). D'autre part, les chimiokines (MCP-

1/CCL2) et le facteur de croissance dérivé des plaquettes (PDGF) sont impliqués dans la maturité de l'artériole nouvellement formée, en recrutant des cellules murales. Ces cellules sont des péricytes, pour les vaisseaux de petits diamètres ou des cellules musculaires lisses, pour les vaisseaux plus larges. Cette maturité des vaisseaux nécessite le remodelage de la matrice extracellulaire par des métalloprotéases matricielle (MMP-) et notamment la MMP-12 (Jost and others, 2003; Tayebjee and others, 2004a; Tayebjee and others, 2004b). Les facteurs de croissance PDGF, TGF-β et l'Angiopoietine (Ang)-1 jouent un rôle dans la différenciation et le recrutement des cellules murales. Ces cellules se disposent autour des cellules endothéliales, formant ainsi une couche musculaire épaisse, empêchant la prolifération et la migration des cellules endothéliales, et apportant des propriétés contractiles et vasomotrices. Il en résulte ainsi un vaisseau fonctionnel avec une structure stable (Carmeliet and Jain, 2000; Chung and Ferrara, 2011; Conway and others, 2001; Jain, 2003; Potente and others, 2011). **Figure 29 (page 84).**

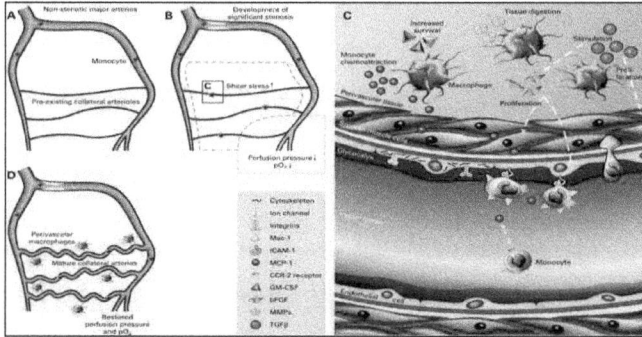

Figure 29 : *Mécanisme d'artériogenèse (Schirmer and others, 2009).* *Artère fonctionnelle (a). Obstruction d'une artère par le développement d'une plaque athéromateuse. Modulation du flux sanguin (b). Activation de l'endothélium, recrutement de monocytes et différenciation en macrophages. Ces derniers sécrètent les facteurs induisant une maturation des artérioles préexistantes (c). Artères collatérales matures, revascularisation de l'artère en souffrance (d).*

A-4 L'angiogenèse

Le terme d'angiogenèse a été utilisé la 1ère fois par J. Hunter en 1787 pour définir la croissance des vaisseaux sanguins dans les bois de cerfs. En 1971, J. Folkman fut le premier chercheur à démontrer que l'angiogenèse est nécessaire pour la survie et la croissance des tumeurs. En effet, les cellules tumorales proliférant de manière incontrôlée ont besoin d'une source nutritive pour survivre. Elles sécrètent des facteurs impliqués dans la formation de nouveaux vaisseaux (Ichihara and others, 2011).

A partir de ces travaux, l'angiogenèse a été définie, comme étant le mécanisme de formation de nouveaux vaisseaux à partir de vaisseaux préexistants. Cette formation se fait par deux mécanismes, l'invagination ou le bourgeonnement.

L'angiogenèse est retrouvée à la fois dans les stades tardifs du développement embryonnaire mais aussi chez l'adulte, où l'angiogenèse assure le maintien stable des fonctions physiologiques des tissus, en apportant l'oxygène et les nutriments nécessaires. L'angiogenèse retrouvée chez l'adulte implique des médiateurs semblables à ceux retrouvés lors du développement embryonnaire (Persson and Buschmann, 2011; Risau, 1997).

Les vaisseaux sont maintenus dans un état quiescent par un équilibre entre des facteurs pro-angiogéniques et anti-angiogéniques (angiostatiques). Ainsi les phénomènes d'angiogenèse sont principalement retrouvés au cours des cycles ovariens de la grossesse ou dans des phénomènes de cicatrisation (Griffioen and Molema, 2000).

Un déséquilibre de ce système vasculaire participe au développement de nombreuses pathologies, donnant ainsi un rôle pathologique à l'angiogenèse. En effet, l'angiogenèse est impliquée dans le développement de cancer, en formant un réseau nourricier aux tumeurs et dans des maladies inflammatoires en apportant des facteurs inflammatoires déstabilisant l'équilibre physiologique. De nombreuses maladies inflammatoires chroniques progressent de cette manière, notamment dans la maladie de Crohn, la polyarthrite rhumatoïde et l'athérosclérose (Konisti and others, 2012; Pousa and others, 2008; Suffee and others, 2011; Vuorio and others, 2012).

B- Angiogenèse physiologique
B-1 Mécanisme de formation de l'angiogenèse

Les cellules endothéliales sont les uniques cellules à induire une angiogenèse. Elles induisent la formation de nouveaux réseaux vasculaires par bourgeonnement ou par une division cellulaire appelée invagination, à partir d'un vaisseau préexistant. Le choix du mécanisme angiogénique est défini par des facteurs protéiques, le manque d'oxygène (hypoxie) ou la pression du flux. En effet une variation de la pression du flux sanguin (force hémodynamique) induit une angiogenèse par invagination alors que la sécrétion de facteurs angiogéniques d'un tissu en hypoxie ordonnerait une angiogenèse par bourgeonnement (Styp-Rekowska and others, 2011).

1 - L'invagination

L'invagination est un phénomène découvert il y a 26 ans par Carduff et al (1986) dans des poumons de rats (Burri and others, 2004; Djonov and others, 2003). Il s'agit d'un mécanisme angiogénique rapide concernant uniquement l'expansion des capillaires, des veinules et des artérioles de moins de 120 µm (Patan and others, 1992). Ce mécanisme est défini par la formation de nouveaux vaisseaux, à partir d'un capillaire préexistant formé, suite au rapprochement de deux cellules endothéliales situées en face l'une de l'autre. Ce rapprochement est induit par des variations du flux sanguin, et a lieu dans la lumière du capillaire. Des contraintes de cisaillement du flux sanguin conduisent à la formation d'une zone de contact entre les deux cellules endothéliales formant ainsi un pont composé de myofilaments. Les fibroblastes entourant les capillaires sécrètent des protéases capables de perforer la membrane basale et de séparer ainsi le capillaire en deux parties distinctes. Les fibroblastes et les péricytes entourant l'endothélium produisent également du collagène stabilisant le capillaire. **Figure 30 (page 87).**

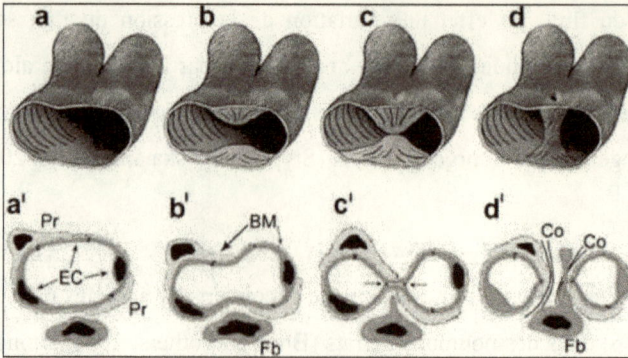

Figure 30 *: Représentation en 3D (a-d) et en 2D (a'-d') du mécanisme de l'angiogenèse par invagination (Ribatti and Djonov, 2012). EC, cellules endothéliales ; Pr, péricytes ; Fb, fibroblastes ; BM, membrane basale et Co, collagène.*

L'initiation de l'angiogenèse par invagination est encore mal connue ; néanmoins les recherches actuelles démontrent que des forces biomécaniques induites par des variations de flux modulent la fonction et la morphologie de la paroi vasculaire, en activant l'endothélium. L'endothélium activé sécrète localement et en petite quantité, des facteurs de croissance, tels que le VEGF, le PDGF, l'angiotensine et des chimiokines. Le gradient de concentration de ces facteurs serait impliqué dans la croissance des capillaires néoformés (Carmeliet and Jain, 2011). Le VEGF et le PDGF participent au recrutement de péricytes (Hagedorn and others, 2004). L'angiotensine et son récepteur Tie participeraient au remodelage vasculaire. Parmi les chimiokines, MCP-1/CCL2 est exprimée constitutivement par les cellules endothéliales quiescentes, lorsque le flux sanguin est constant. Cette chimiokine est sécrétée dans la matrice extracellulaire, dans la première heure qui suit un stress dû à une variation de flux, activant les cellules endothéliales. Cette chimiokine serait impliquée dans le développement de pathologie, notamment dans le développement de plaque d'athérome (Shyy and others, 1994).

Ce mécanisme angiogénique est donc basé sur la formation d'un réseau capillaire, responsable de l'accroissement de la vascularisation. Le vaisseau existant est ainsi multiplié en de nombreuses copies formant des branches.

L'angiogenèse par invagination est proche du mécanisme retrouvé dans la vasculogenèse (formation de plexus) lors du développement embryonnaire. Chez l'adulte, du fait de sa formation rapide après un stimulus et de l'absence de contraintes biologiques, l'angiogenèse par invagination intervient dans la revascularisation de tissus lésés tels que le foie, le poumon (Rossi-Schneider and others, 2010; Styp-Rekowska and others, 2011). Dans des cancers ce phénomène est également retrouvé dans la vascularisation de tumeurs (Hlushchuk and others, 2008).

2- *Le bourgeonnement*

L'initiation de la formation d'un vaisseau par bourgeonnement est induite par des facteurs angiogéniques, sécrétés dans la majorité des cas, lors d'une hypoxie ou d'une réponse inflammatoire. La formation de vaisseaux, initiée par le bourgeonnement, est un processus lent, mettant en jeu la dégradation de la matrice extracellulaire permettant l'invasion des cellules endothéliales par des phénomènes migratoires et de prolifération. Ce mécanisme nécessite une expansion, une maturation et un remodelage du vaisseau néoformé.

2.a Initiation et expansion du bourgeon

L'endothélium repose sur une membrane basale, elle-même associée aux cellules musculaires lisses. L'angiogenèse nécessite une protéolyse de la membrane basale pour libérer les cellules endothéliales (Conway and others, 2001). Les cellules endothéliales activées par des facteurs angiogéniques induisent des cascades de signalisation permettant la synthèse de protéases, notamment des MMPs. Les MT-MMP1, MMP-2 et MMP-9 dégradent la matrice extracellulaire, permettant la libération de facteurs protéiques séquestrés dans la matrice (Babykutty and others, 2012; Bauvois, 2012). Parmi ces facteurs libérés, le VEGF stimule les cellules endothéliales qui sécrètent à leur tour d'autres facteurs angiogéniques, dont l'angiotensine-2 (Ang-2) impliquée dans le détachement des cellules musculaires et dans la perte de contact avec la membrane basale. D'autre part, la dégradation de la matrice facilite la prolifération et la migration des cellules endothéliales, attirées par un gradient chimiotactique. La migration des cellules endothéliales nécessite une réorganisation de leur cytosquelette. Ainsi elles acquièrent un phénotype permettant de se comporter, soit comme des cellules initiatrices de la formation du vaisseau (elles sont dites « de têtes » (tip cells)) soit en cellules d'élongation du vaisseau (elles sont dites « de tiges » (stalk cells)). Les cellules de tête explorent l'environnement extérieur, pour initier la formation de nouveaux vaisseaux. Les cellules de tiges sont derrière les cellules de tête, permettant l'élongation du vaisseau. Ces phénotypes sont maintenus jusqu'à la fin de l'élongation du vaisseau, puis elles retrouvent un phénotype endothéliale. **Figure 31 a-b (page 90).**

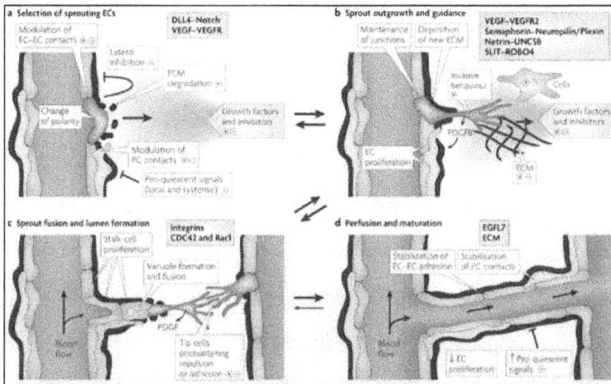

Figure 31 : *Les différentes phases définissant l'angiogenèse par bourgeonnement (Adams and Alitalo, 2007).* *Déséquilibre de facteurs angiogéniques, changement de polarité et bourgeonnement de l'endothélium (a). Croissance et migration contrôlées du bourgeon via les filopodes (b). Fusion des bourgeons et formation de la lumière interne (c). Maturation et ouverture du vaisseau néoformé (d).*

Le phénotype de cellules initiatrices ou de cellules d'élongation, acquis par les cellules endothéliales dépend de la voie de signalisation Notch dont l'activation est modulée par l'interaction d'un des ligands de la famille DLL (Delta-Like Ligand) avec un des récepteurs de la famille Notch. Par exemple, pour initier cette interaction, le facteur soluble VEGF doit se lier à son récepteur VEGFR-2/KDR présent à la surface des cellules endothéliales initiatrices, afin de réguler l'expression du ligand transmembranaire DLL-4 (Delta-Like Ligand 4) à la surface cellulaire. **Figure 32 (1, 2) (page 92).**

La protéine DLL-4, appartient à la famille DLL- composée de cinq membres. Cette protéine est sur-régulée dans la formation de vaisseaux, et est localisée à la surface des cellules endothéliales de tête. Elle interagit avec un récepteur appelé Notch, situé à la surface des cellules endothéliales d'élongation (Persson and Buschmann, 2011; Tung and others, 2012).

Figure 32 (page 92). Les récepteurs de la famille Notch sont constitués de quatre membres.

L'interaction du ligand DLL-4 avec le récepteur Notch-1 induit deux clivages du récepteur : Le clivage du domaine extracellulaire par des protéases (ADAM-10 ou TACE), et un clivage du domaine transmembranaire par une γ-sécrétase. **Figure 32 (3, 4) (page 92).** La partie intracellulaire étant libérée, elle entre dans le noyau des cellules d'élongation, pour activer la transcription de gènes cibles (Ichihara and others, 2011; Kume, 2012). **Figure 32 (5) (page 92).**

De plus, le complexe DLL-4-Notch-1 inhibe la voie de signalisation Notch se traduisant par une formation accrue de filopodes par les cellules initiatrices. **Figure 32 (6, 7) (page 92).** Les lamellipodes, régulés par Rac-1, et les filopodes, régulés par cdc42, sont des structures cellulaires situées à la membrane des cellules endothéliales. Les lamellipodes et les filopodes sont impliqués dans le mouvement d'attachement et de détachement exercé par la cellule afin de migrer dans une direction définie. Les filopodes sont constitués de filaments d'actines. Ce sont les principales structures impliquées dans la migration des cellules initiatrices (Tung and others, 2012). La direction de la migration cellulaire est établie par un gradient chimioattractant, exercé par des facteurs de croissance, comme le VEGF.

Les cellules d'élongation expriment le ligand Jagged-1 (JAG-1), un antagoniste du DLL-4. Son interaction avec le récepteur Notch-1 situé sur les cellules initiatrices active la voie de signalisation Notch se traduisant par une absence de filopodes (Persson and Buschmann, 2011). **Figure 32 (8, 9, 10) (page 92).** Ces cellules prolifèrent afin d'allonger le vaisseau (Potente et al. 2011). Il existe une boucle de contrôle de la voie de Notch. Son activation conduit à la sécrétion de protéines dont la Notch-regulated ankyrin repeat protein (NRARP) impliquée dans la prolifération des cellules de l'élongation (Phng and Gerhardt, 2009; Tung and others, 2012).

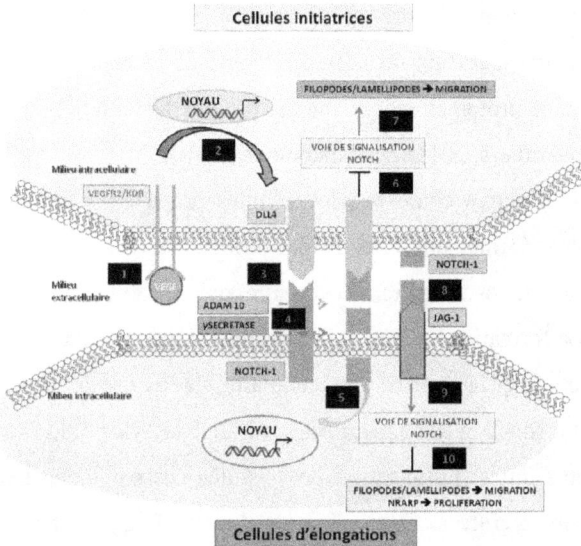

Figure 32 : _Phénotype des cellules endothéliales initiatrices et d'élongations._ _1- Interaction du VEGF avec son récepteur VEGFR-2/KDR. 2- expression du ligand transmembranaire DLL-4 à la surface des cellules initiatrices. 3- Interaction de DLL-4 avec son récepteur Notch-1 présent à la surface des cellules d'élongation. 4- Clivage du récepteur Notch-1 par des protéases (ADAM-10, γsécrétase). 5- Le domaine intracellulaire libre du récepteur Notch-1 active la transcription de gènes. 6- Inhibition de la voie de signalisation Notch par le complexe DLL-4-Notch-1. 7- Induction des lamellipodes et filopodes impliqués dans la migration des cellules initiatrices. 8- JAG-1, antagoniste de DLL-4, est exprimé par les cellules d'élongation et interagit avec le récepteur Notch-1 situé à la surface des cellules initiatrices. 9- Induction de la voie de signalisation Notch. 10- La formation des lamellipodes et filopodes est réprimée. Absence de migration. Induction de la sécrétion de protéine de régulation de la prolifération (NRARP)._

La formation de la lumière du vaisseau dépend du contexte angiogénique. La membrane apicale (membrane interne) des cellules endothéliales est polarisée par la présence de glycoprotéines, chargées négativement. Les charges négatives ont un effet de répulsion qui permet une ouverture intercellulaire, qui deviendra le lumen. **Figure 31 c- (page 90)**. Des réarrangements de la morphologie de la cellule impliquent une régulation des protéines membranaires par des facteurs tels que le VEGF (Potente and others, 2011; Zeeb and others, 2010).

Dans d'autres contextes, les cellules n'ayant pas de contact entre elles peuvent former une lumière par pinocytose. Ce phénomène est une invagination de la membrane cellulaire qui se replie pour former une vacuole. La formation du lumen par ce mécanisme dépend des interactions entre la cellule et la matrice extracellulaire via les intégrines et les petites protéines G, cdc42 et Rac1, régulées par VEGF (Bayless and Davis, 2003).

L'invasion et l'élongation des cellules cessent lorsque les cellules murales sont recrutées. Elles sécrètent du VEGF qui stimule la voie de signalisation DLL-4-Notch-1, inhibant ainsi la formation de filopodes. Elles sécrètent également d'autres facteurs de croissance, notamment les PDGF, TGF-β1 et l'angiopoiétine-1. Ces facteurs sont impliqués dans la maturation du vaisseau et dans le remodelage en inhibant l'activité de certaines protéases MMPs et ADAMs par la sécrétion de leurs inhibiteurs, les Tissue Inhibitor of MetalloProteinase (TIMPs) (-2 et -3) (Chung and Ferrara, 2011; Persson and Buschmann, 2011). **Figure 31 c-d (page 90).**

2.b Maturation et remodelage

La maturation des vaisseaux nécessite le recrutement de cellules murales par des facteurs de croissance, présents dans la matrice extracellulaire et libérés par des protéases (MMPs, ADAMs). Il existe un équilibre entre les protéases et leurs inhibiteurs (TIMPs). Ainsi le TGF-β induit la migration et la prolifération des cellules murales. Ce facteur stimule également la différenciation de ces cellules en péricytes ou cellules musculaires lisses matures (Potente and others, 2011).

La migration, la prolifération et le recrutement des cellules péricytes sont également contrôlés par des facteurs de croissance dont le PDGF-β. Ce facteur est sécrété et retenu à la membrane des cellules endothéliales par des protéoglycannes membranaires de type héparane sulfate (PGHS), lui permettant ainsi de se fixer sur son récepteur, le PDGFR-β_1, situé à la surface des péricytes (Potente and others, 2011; Ribatti and others, 2011).

Les péricytes ainsi recrutées, adhérent aux cellules endothéliales, par interaction de l'angiopoétine-1 produite par les cellules murales, avec son récepteur Tie-2, situé sur les cellules endothéliales. Cette adhérence et la présence de jonctions maintenues serrées entre ces cellules, permettent d'assurer un maintien de l'intégrité cellulaire lors du passage du flux sanguin (Kluk and others, 2003; Persson and Buschmann, 2011) **Figure 31 d. (page 90).**

<u>2.c - Facteurs de croissance angiogéniques</u>
> *Le facteur de croissance des vaisseaux endothéliaux (VEGF)*

Le facteur angiogénique VEGF (Vascular Endothelial Growth Factor) a été identifié en 1989 par N. Ferrara et J. Plouet. Le VEGF est un facteur soluble impliqué dans toutes les étapes de la formation, de la croissance et de la maturation des vaisseaux.

La famille du VEGF comprend six membres : le VEGF-A, le PlGF (Placental Growth Factor), le VEGF-B, le VEGF-C, le VEGF-D et le VEGF-E. Ce sont des glycoprotéines homodimériques qui jouent un rôle critique dans la vasculogenèse, la lymphogenèse et l'angiogenèse (Holmes and others, 2007). La réponse cellulaire au VEGF se fait par l'activation de ses récepteurs VEGF-R1/Flt-1 et le VEGF-R2/KDR, et de ses corécepteurs (les neuropilines).

La séquence peptidique des différents membres du VEGF est codée par 8 exons **Figure 33 (page 95).** Les résidus 1 à 26 présents dans l'exon 1 participent au peptide signal. Les exons 3 et 4 ont une homologie de séquence retrouvée dans chacun des membres de la famille du VEGF. Ces exons codent pour les sites de liaison aux VEGF-R1/Flt et VEGF-R2/KDR. Il existe deux sites de liaisons à la neuropiline-1, corécepteur du VEGF-R2/KDR, codés par les exons 8 (isoforme 8a) et 7 (isoforme 7b) (Pan and others, 2007). Les exons 6 et 7 codent pour des acides aminés impliqués dans des sites de liaison à l'héparine. L'exon 8b serait responsable des propriétés anti-angiogéniques des isoformes du VEGF-A, les VEGF-A$_{121b}$ et du VEGF-A$_{165}$ (Rennel and others, 2009).

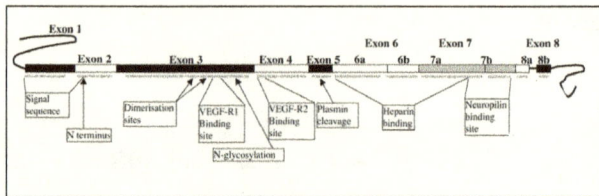

Figure 33 : *Séquence peptidique du VEGF (Nowak and others, 2008).*

Parmi les membres de cette famille, le VEGF-A représente le membre majoritairement exprimé par divers types cellulaires. Il intervient à la fois dans le développement embryonnaire, mais également dans des pathologies liées à l'hypoxie. Chez l'homme, le gène codant pour le *vegf-a* est situé sur le chromosome 6 (6p21.3). L'expression de ce gène conduit à la synthèse de neuf isoformes chez l'homme (actuellement identifiées) dont la taille varie entre 121 et 206 acides aminés. De nombreuses cellules expriment préférentiellement les isoformes ayant 121, 165 et 189 acides aminés, attribuant de cette manière la nomenclature suivante des isoformes du VEGF-A : VEGF-A$_{121}$, VEGF-A$_{165}$ et VEGF-A$_{189}$. Le VEGF-A$_{165}$ est l'isoforme majoritairement exprimé.

Les isoformes de VEGF-A sont sécrétées sous forme d'homodimères liés de façon covalente. Le VEGF-A soluble se lie à des chaînes GAGs de type héparane sulfate dans la matrice extracellulaire. L'affinité de la liaison varie en fonction des isoformes. **Figure 34 (page 96).**

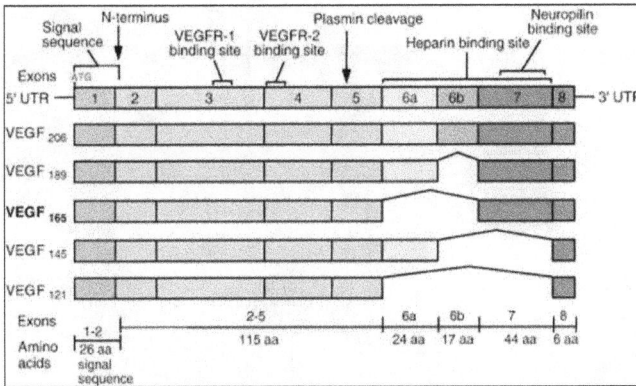

Figure 34 : *Structure des isoformes de VEGF-A (Holmes and others, 2007). Il existe actuellement neuf isoformes chez l'homme.*

Le VEGF-A possède une plus forte affinité pour son récepteur VEGF-R1/Flt-1 que pour son récepteur VEGF-R2/KDR. Mais, le VEGF-R2/KDR a une plus forte activité kinase que le VEGF-R1/Flt-1. Les récepteurs du VEGF-A sont constitués de résidus tyrosines kinases présents dans leur domaine intracellulaire. Les principaux résidus tyrosines sont en position 1169, 1213, 1242, 1327, 1333 et 1169 pour le récepteur VEGF-R1/Flt-1 et les résidus tyrosines 951, 1054, 1059, 1175 et 1214 pour le récepteur VEGF-R2/KDR. La liaison du VEGF-A avec le domaine extracellulaire induit la dimérisation de ses récepteurs, responsable de l'autophosphorylation des tyrosines kinases activant des cascades de signalisation. Les principales voies activées sont les voies PLCγ, PKC, PI3K/AKT et MAPK. Ces voies sont responsables de la stimulation de la prolifération et de la migration des cellules endothéliales, de la fonctionnalité des vaisseaux et de la production de protéases (Olsson and others, 2006; Takahashi and others, 2001) **Figure 35 (page 97).**

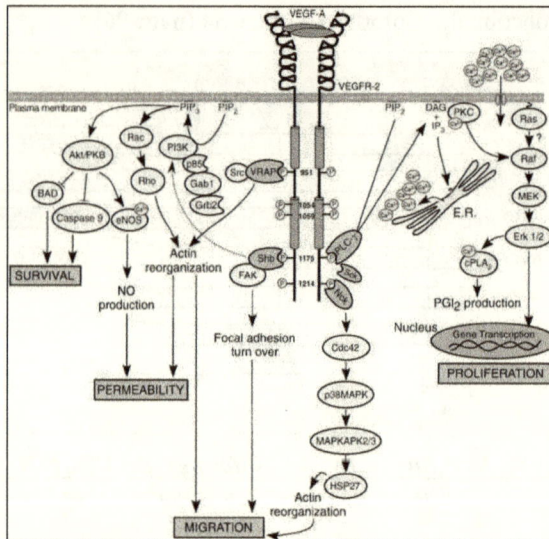

Figure 35 : *Activation des voies de signalisation à travers l'interaction VEGF avec son récepteur VEGFR-2/KDR (Holmes and others, 2007).* *L'interaction VEGF-VEGFR-2 active les voies de signalisation impliquées dans la prolifération, la migration, la perméabilité et la survie cellulaire.*

Le rôle du VEGF-B est mal connu. Il jouerait un rôle dans la vascularisation du cœur et des muscles squelettiques, ainsi que dans le développement de la moelle, mais ne semble pas être indispensable à l'angiogenèse chez l'adulte dans des conditions pathologiques (Aase and others, 1999).

VEGF-C est impliqué dans la lymphogenèse ; il est capable de se lier à deux récepteurs les VEGF-R3/Flt-3 et Flt-4 (Orpana and Salven, 2002).

VEGF-D est impliqué dans la lymphogenèse, dans le développement et la croissance tumorale en se liant uniquement avec le récepteur VEGF-R3/Flt-3 (Oliver and Alitalo, 2005).

> *Le facteur de croissance dérivé des plaquettes (PDGF)*

Le PDGF est le 1er facteur de croissance à avoir été identifié, en 1974 par l'équipe de Ross et al (Shim and others, 2010). Les molécules de PDGF constituent une famille de petites protéines solubles de 8 kDa, composée de quatre isoformes (Shim and others, 2010), les PDGF-A, -B, -C et –D. Les isoformes du PDGF sont sécrétées par divers types cellulaires ; par exemple les PDGF-A et PDGF-C sont principalement sécrétés par les cellules épithéliales, les cellules endothéliales, les cellules musculaires lisses et les progéniteurs neuronaux. Le PDGF-B est sécrété par les cellules endothéliales et les cellules musculaires.

Les quatre isoformes ont une structure composée de quatre feuillets-β ($\beta 1$- $\beta 4$) antiparallèles liés entre eux par trois ponts disulfures. Dans le domaine C-terminal, une séquence peptidique « knot », riche en résidus cystéine est présente dans les quatre isoformes. Le domaine C-terminal présente également des motifs d'acides aminés basiques, interagissant électrostatiquement avec des chaînes GAGs (Zafiropoulos and others, 2008). Une zone charnière sépare le domaine « knot » d'avec le domaine CUB présent uniquement dans la région N-terminale des isoformes PDGF-C et -D (Reigstad and others, 2005). La forme monomérique de chaque PDGF est inactive. La structure tridimensionnelle repose sur la présence de résidus hydrophobes responsables d'une homo- ou d'une hétéro-dimérisation. Les isoformes PDGF-C et -D peuvent uniquement s'homo-dimériser (PDGF-CC et PDGF-DD), contrairement aux isoformes PDGF-A et -B capables de former les trois dimères suivants : PDGF-AA, PDGF-AB ou PDGF-BB.

Les dimères de PDGF interagissent spécifiquement avec deux récepteurs, les PDGFR-α et PDGFR-β. Le PDGFR-α est impliqué dans le développement de l'embryon, notamment dans la formation des organes, dans le recrutement de fibroblastes, chez l'adulte et dans la formation de vaisseaux. Le PDGFR-β joue un rôle dans la maturité des vaisseaux formés lors de l'angiogenèse. Il est exprimé à la surface des cellules péricytes, mais aussi à la surface des cellules progénitrices endothéliales (Ostman, 2004; Wang and others, 2012a; Wang and others, 2012b). La liaison du PDGF à ses récepteurs induit leur dimérisation et l'autophosphorylation des domaines à activité tyrosines kinases intrinsèques de la partie intracellulaire des récepteurs. Cette autophosphorylation active des voies de signalisation impliquées dans la migration et la prolifération cellulaire (PI3K, MAPK-Ras et PLCγ). Par exemple, le dimère PDGF-BB interagit avec son récepteur PDGFR-β, présent à la surface des cellules progénitrices endothéliales (CEP). Cette interaction forme le PDGFR-ββ et active les voies de signalisation PI3K/Akt, responsables de la migration, la prolifération et la formation de néo-vaisseaux à partir des CEP (Wang and others, 2012a).

Les récepteurs forment trois dimères possibles : PDGFR-αα ; PDGFR-ββ ou PDGFR-αβ (Ichihara and others, 2011). Le PDGF-A et le PDGF-B sont impliqués principalement dans deux rôles biologiques. Le premier rôle est le remodelage vasculaire. Après une lésion aortique, ces facteurs sont surexprimés par les cellules musculaires lisses, ils induisent la migration et la prolifération de ces dernières, contribuant donc au développement de la plaque athéromateuse (Wang and others, 2012a). Le second rôle des PDGF-A et PDGF-B est la maturité des vaisseaux. Dans des tumeurs, le niveau d'expression des PDGF-A et PDGF-B est régulé par des chimiokines, notamment la chimiokine SDF-1/CXCL12. Cette régulation est essentielle pour la différenciation des cellules progénitrices, venant de la moelle osseuse (Hamdan and others, 2011; Khachigian and Chesterman, 1992). Le PDGF-C est impliqué dans le développement du cœur et du système nerveux central, alors que le PDGF-D est associé au développement des reins (Reigstad and others, 2005).

> *Le facteur de croissance des fibroblastes (FGF)*

La famille du facteur de croissance des fibroblastes (FGF) est composée de 23 membres, dont 18 sont actifs. Parmi ces 18 isoformes, quatre facteurs homologues du FGF (FHF) sont uniquement intracellulaires.

Les 14 autres membres sont sécrétés et se lient, avec une forte affinité, aux récepteurs tyrosine kinase FGFR. Il existe quatre types de récepteurs (Wesche and others, 2011). Les récepteurs du FGF sont transmembranaires. La partie extracellulaire est composée de trois domaines d'immunoglobulines (Ig), interagissant avec le ligand et la partie intracellulaire possèdent 9 domaines à activité tyrosines kinases. La dimérisation des récepteurs induite par l'interaction avec les FGFs est responsable de l'autophosphorylation des domaines à activité tyrosines kinases intrinsèques. La phosphorylation des tyrosines kinases activent des voies de signalisation, et principalement, les voies PI3K et MAPK, impliquées dans la survie et la prolifération cellulaire (Wesche and others, 2011).

Le FGF se lie également, avec une plus faible affinité, aux charges négatives portées par des motifs glycosaminoglycanniques de type héparane sulfate, portés par des PGs membranaires. Ces PGHS protègent le ligand de la dégradation et sont impliqués dans la présentation du FGF aux FGFR.

Le FGF est un des acteurs majeurs de l'organogenèse : Il est impliqué dans la formation du cœur, des poumons, du système nerveux et des membres. Chez l'adulte, l'induction de signaux à travers le complexe FGF/FGFR stimule la traduction de facteurs protéique, dont le VEGF, ce qui confère un rôle angiogénique au FGF, notamment les FGF-1 et FGF-2 (Ichihara and others, 2011).

2.d - Thérapies angiogéniques actuelles

L'angiogenèse est impliquée dans de nombreux processus physiopathologiques tels que la cicatrisation, le développement de maladies chroniques inflammatoires et de cancers (Persson and Buschmann, 2011; Vuorio and others, 2012; Zachary and Morgan, 2011). En 1971, l'équipe de J. Folkman a démontré pour la première fois que l'angiogenèse est un processus indispensable à la survie et au développement de tumeurs. Les maladies inflammatoires présentent un désordre physiopathologique causé par divers facteurs, notamment un changement de pression du flux sanguin, une inflammation ou une infection par un corps étranger. Ces facteurs seraient responsables de la formation de nouveaux vaisseaux (Folkman, 2006).

Les thérapies actuelles visent 2 principaux objectifs, dépendant des pathologies. Le 1er est de rétablir une vascularisation collatérale, pour réalimenter un tissu ischémié. Cette thérapie est appliquée dans des pathologies ischémiques, afin d'améliorer la vascularisation d'un organe en hypoxie. Le principal organe ciblé est le myocarde, mais les essais cliniques sont également testés sur des patients, ayant une occlusion des artères, irriguant les membres inférieurs/supérieurs (Artériopathie). A l'inverse, l'autre versant des thérapies ciblant l'angiogenèse a pour but de réduire la formation de nouveaux vaisseaux, afin de faire régresser le développement de tumeurs. Cette thérapie est également appliquée dans des pathologies inflammatoires, telle que l'athérosclérose, où les vaisseaux néoformés déstabilisent la plaque athéromateuse et sont responsables de l'occlusion artérielle (Vuorio and others, 2012).

Les molécules angiogéniques sont la base fondamentale sur laquelle se développent ces thérapies.

> *Traitements médicamenteux*

Les traitements ciblant les facteurs protéiques angiogéniques tels que le VEGF sont nombreux et varient suivant les pathologies. Actuellement, il existe plus de 25 essais cliniques. En effet, suivant les résultats obtenus lors du développement précliniques de médicaments, drogues ou principe actif, le composé cible est ensuite testé cliniquement sur l'homme, faisant ainsi l'objet d'essai thérapeutique. Ces essais cliniques ont pour but de déterminer l'efficacité, la tolérance et les effets indésirables du médicament, avant sa commercialisation (Rissanen and Yla-Herttuala, 2007).

∫ Thérapies anti-angiogéniques

Dans le but de faire régresser le développement de tumeurs, les thérapies actuelles ont pour objectif de limiter la formation de nouveaux vaisseaux, qui alimentent la tumeur. A l'heure actuelle, il existe 2 thérapies anti-angiogéniques : 1- des anticorps dirigés contre le VEGF, le bevacizumab (Avastin®) ; 2- des inhibiteurs des tyrosines kinases associées au domaine intracellulaire des récepteurs du VEGF. Ces thérapies visent à inhiber l'information induite par la liaison du VEGF à ses récepteurs.

L'anti-VEGF (Avastin®) est efficace lorsqu'il est associé à une chimiothérapie, ou à un traitement utilisant des cytokines. En effet, il augmenterait la perméabilité endothéliale et faciliterait la cyto-toxicité de cytokines ou de radiations. Certaines tumeurs ne répondent pas aux traitements anti-VEGF, car la formation de vascularisation est induite par d'autres facteurs angiogéniques. Ainsi une seconde thérapie a été développée, en ciblant les tyrosines kinases impliquées dans la transduction de signaux, à travers l'activation de récepteurs membranaires (Potente and others, 2011; Vuorio and others, 2012).

Contrairement aux traitements anti-VEGF, les inhibiteurs des tyrosines kinases ont une spécificité et une efficacité démontrée en monothérapie, ne nécessitant donc pas de chimiothérapie. Les plus connues étant le sunitinib (Sutent®) administré dans des tumeurs rénales et neuroendocriniennes du pancréas, le pazopanib (Votrient®) prescrit dans les tumeurs rénales, le sorafenib (Nexavar®) recommandé dans les cancers du côlon et du foie, l'erlotinib (Tarceva®) prescrit dans le cancer du poumon et le vandetanib (Zactima®) prescrit dans le carcinome de la thyroïde médullaire (Potente and others, 2011). Ces traitements inhibent, également, les effets induits par des récepteurs à domaine à activité tyrosine kinase, interagissant avec divers facteurs biologiques, notamment le PDGF, impliqué dans la maturation des vaisseaux (Cao and others, 2003).

∫ Les thérapies pro-angiogéniques

Dans certaines pathologies, notamment cardiovasculaires (artériopathies oblitérantes des membres inférieurs (AOMI), les infarctus

- 103 -

du myocarde), l'induction de l'angiogenèse est recherchée (Vuorio and others, 2012). En effet, dans la phase finale de l'athérosclérose, la présence des vaisseaux, provenant du *vasa vasorum*, déstabilise la plaque athéromateuse participant ainsi à sa rupture, responsables des occlusions artérielles (Celletti and others, 2001; Vuorio and others, 2012). Ces occlusions sont responsables d'un appauvrissement en nutriments et oxygène des organes en amont. Cette hypoxie générée, en phase ultime, est responsable de la nécrose tissulaire.

ξ *Protéines Recombinantes humaines*

Le développement de thérapies à partir de protéines recombinantes humaines FGF-2 et VEGF (rhFGF2 ; rhVEGF) a été décevant (Wesche and others, 2011; Zachary and Morgan, 2011). Des essais cliniques, notamment le plus connue étant l'essai clinique VIVA (VEGF in Ischaemia for Vascular Angiogenesis) ont été effectués sur des patients atteints d'angine de poitrine avec et sans effort physique (Henry and others, 2003). Une première injection du rhVEGF en intra-coronaire, suivie d'une injection intraveineuse de manière cinétique, à différentes doses (17ng/kg/min et 50 ng/kg/min) induisent une tolérance des patients, et améliorent la perfusion du cœur à forte dose, validant la phase I des essais cliniques. La phase II ne montre pas d'amélioration des tests de tolérance à l'exercice physique. D'autre part à forte dose, l'apparition d'hypotension corrélée à une vasodilation active est observée. Des tests de pharmacovigilance ont permis de suivre l'absorption rapide du VEGF (50ng/kg/min) interagissant d'une part avec ses récepteurs et d'autre part avec des protéoglycannes de type héparane sulfate, ainsi la durée de ½ vie est limitée (34 minutes pour 4 h de perfusion). Des résultats similaires sont observés avec le rhFGF2 (Zachary and Morgan, 2011).Ces traitements sont soit conditionnés sous capsule pour être ingérés par voie orale, ou bien sont injectés par voie intraveineuse. Ces deux modes d'administration limitent l'efficacité et la durée de vie du principe actif dans les voies systémiques. De nouvelles approches de délivrance par vecteurs plasmidiques ou viraux sont en développement (Vuorio and others, 2012). Le principe d'utilisation de ces vecteurs est d'introduire des gènes en vue d'une thérapie dans les cellules déficientes de patients.

ξ *Vecteur plasmidique*

Le vecteur plasmidique a été une méthode encourageante pour délivrer des protéines de courte durée de vie. La délivrance plasmidique du VEGF et du FGF-1 (phVEGF et le phFGF) a été testée en essai thérapeutique. Les essais cliniques ont atteint la phase III (TAMARIS) chez des patients atteints d'artériopathies des membres inférieurs (Belch and others, 2011; Vuorio and others, 2012). Malgré des améliorations de la vascularisation des membres inférieurs, ces essais n'ont pas été concluants. Le principal facteur limitant est le faible taux de cellules transfectées par le plasmide.

ξ *Vecteurs viraux*

Le principal virus utilisé est l'adénovirus. Les résultats obtenus avec l'AdVEGF par injection intra-myocardique (essai clinique REVASC), chez des patients atteints de risques sévères d'angine de poitrine en phase I et II ne sont pas satisfaisants (Stewart and others, 2006). Cependant, chez des patients atteints de maladies artérielles des membres périphériques, les critères d'évaluation (marches et qualité de vie) sont améliorés significativement, après injection par voie cutanée (Van Asseldonk and others). Chez des patients atteints d'ischémie du myocarde, l'essai clinique

KUOPIO, ne montre aucune différence significative de resténose comparé au placebo (Rajagopalan and others, 2003).

ξ *Thérapies cellulaires*

Les cellules souches provenant par exemple de la moelle osseuse présentent des phénotypes variés. Cependant leurs propriétés semblables aux cellules souches embryonnaires telles que la pluripotence, l'auto-renouvellement et la prolifération, en fait de bons candidats dans la médecine régénérative. Actuellement les résultats prometteurs obtenus par l'utilisation de cellules souches pluripotentes induites (iPS, développé par le prix Nobel 2012 Yamanaka et Gurdon) permettent d'avoir une vision prometteuse pour les thérapies cellulaires notamment dans les domaines de cardiologie, d'ophtalmologie et neuronaux (Lin and others, 2012; Marchetto and others, 2010).

Des cellules progénitrices présentent dans des foyers tissulaires et capable de généré un type cellulaire sont également sujet à des avancés dans la régénération tissulaire. Asahara et al. (1998) ont été les premiers à déterminer la présence et à caractériser les cellules progénitrices endothéliales. Des patients ayant des risques de maladies cardiovasculaires présentent un faible taux de cellules progénitrices endothéliales dans la circulation sanguine. Il a ainsi été spéculé que les CEP pourraient être un des marqueurs de risques de maladies cardiovasculaires (Rouhl and others, 2008; Werner and others, 2005). De par leur fonction dans la réendothélialisation, la formation de néo-vaisseaux, les limitations éthiques et la tolérance par l'organisme, il leur a été attribué un plus grand intérêt que les cellules souches, dans une vision thérapeutique (Rouhl and others, 2008).

Une transfusion des CEP chez des patients présentant un infarctus du myocarde, révèle que le niveau de l'inflammation et le taux de marqueurs des ischémies cardiaques (Troponine T) sont identiques à ceux des patients sains (Assmus and others, 2006; Assmus and others, 2002). Cependant, les thérapies basées sur l'administration de CEP (mode d'administration, quantité, temps…) ainsi que sur la reproductibilité sont des perspectives à approfondir.

ξ *Nouvelles approches thérapeutiques*

Les facteurs protéiques ont une durée de vie courte (Vuorio and others, 2012). L'interaction des facteurs avec leurs récepteurs entraîne, outre l'induction d'une signalisation, une internalisation de ces derniers responsable, en partie, de leur clairance. Une dégradation enzymatique des facteurs protéiques (VEGF, FGF), participerait également à leur élimination. Au regard du rôle des GAGs qui d'une part protègent les facteurs de croissance de la protéolyse et d'autre part les concentrent localement, l'utilisation de mimétiques de GAGs synthétiques ou naturels a été développé. Ces mimétiques ont pour but de remplacer l'échafaudage matriciel par un système 3D résistant à la dégradation.

※ **Agent Régénérant synthétique (ReGeneraTing Agent, RGTA®)**

Les mimétiques de GAGs développés par l'équipe des Professeurs Caruelle et Barritault de l'université de Créteil et commercialisé par la société OTR3 sont appelés ReGeneraTing Agent (RGTA®). Les RGTA® sont des dérivés de dextrane obtenus par des réactions de substitution par des groupements carboxyméthyle, sulfate (S) et acétate (Ac) (Burns and others). En fonction des groupements, ces mimétiques sont similaires à la structure des GAGs ; par exemple, les mimétiques sulfatés miment les chaînes HS (Barbosa and others, 2005). Ainsi, il existe une grande variété de mimétiques synthétisés.

Les RGTA® permettent de recréer un environnement matriciel afin que les facteurs protéiques se repositionnent dans cette structure. D'autre part, ces mimétiques stabilisent et protègent les facteurs possédant un site de liaison à l'héparine, mais aussi augmentent la biodisponibilité de ces facteurs à proximité du site lésé. Ils ont donc des propriétés très proches de l'héparine, avec l'avantage de ne pas présenter un effet anticoagulant. Des tests précliniques *in vivo* ont démontré l'efficacité des RGTA® dans la régénération osseuse et la cicatrisation cutanée (Lafont and others, 2004). Les facteurs protéiques FGF-1 et -2 ont une activité potentialisée en présence du RG1192, possédant aussi une activité inhibitrice de l'activité de l'héparanase, enzyme essentielle dans le remodelage matricielle et le recyclage des HSPG (Meddahi and others, 1995; Vlodavsky and others, 2002). La molécule OTR4120 induit l'angiogenèse en potentialisant l'affinité du VEGF pour ses récepteurs. Cependant l'OTR4120 interfère sur le développement des cancers du foie en interagissant avec RANTES/CCL5. La séquestration de RANTES/CCL5, par OTR4120, inhibe son interaction avec ses récepteurs et les GAGs (Rouet and others, 2005; Sutton and others, 2007).

❋ Mimétique naturel : Fucoïdane

Les fucoïdanes sont des polysaccharides sulfatés, possédant des propriétés biologiques semblables aux GAGs (Morya and others, 2012).

Ils sont isolés de la paroi des algues brunes (*Phaeophyceae,* par exemple : *Ascophyllum nodosum*), et sont composés d'unités répétées de disaccharides de fucose, subissant des substitutions, notamment par des groupements sulfatés ou d'acide uronique (Morya and others, 2012). Ces modifications leur confèrent une hétérogénéité structurale générant une complexité de leur synthèse chimique. Des dépolymérisations radicales fractionnent les chaînes polysaccharidiques générant une large variété de fucoïdanes (Senni and others, 2011).

Leur structure riche en ions est responsable de leur interaction avec des protéines (protéines d'adhérence, facteurs de croissance, cytokines et protéases). Il a par exemple été démontré que lors d'une hyperplasie intimale, le fucoïdane de bas poids moléculaire (Low Molecular Weight of Fucoidan, LMWF) limite la resténose aortique, en modulant les effets de la protéase matricielle MMP-2 (Hlawaty and others, 2011). De par ces interactions, les fucoïdanes modulent l'adhérence, la migration, la prolifération et différenciation cellulaire (Boisson-Vidal and others, 2007; Zemani and others, 2005). Le fucoïdane de bas poids moléculaire présente un effet angiogénique en potentialisant l'action du FGF-2, contrairement au fucoïdane de haut poids moléculaire (High Molecular Weight of Fucoidan, HMWF) (Boisson-Vidal and others, 2007). Récemment, le rôle du fucoïdane dans le recrutement des progéniteurs venant de la moelle osseuse et dans l'orientation de ces cellules en un phénotype angiogénique a été démontré. Le recrutement de cellules hématopoïétiques impliquerait des facteurs de croissance (VEGF, SDF-1/CXCL12), dont la sécrétion est stimulée par ces mimétiques de GAG (Boisson-Vidal and others, 2007; Ho and others, 2012).

✳ Développement de biomatériaux

L'implantation de biomatériaux, est une autre approche thérapeutique, ayant fait ses preuves dans la chirurgie. Elle est en cours de développement dans des pathologies liées à des obstructions du système vasculaire (ischémies). Le but est de concentrer des facteurs protéiques au niveau du site lésé, ou des cellules exogènes, en appliquant un biomatériau cellularisé.

Lors de la conférence de consensus (Conférence de Chester), en 1986, les biomatériaux ont été définis comme étant « des matériaux non vivants utilisés dans un dispositif médical destiné à interagir avec les systèmes biologiques ». Les biomatériaux sont donc une technologie développée pour délivrer des biomolécules, de manière contrôlée.

Les biomatériaux ont été utilisés pour la première fois, dans le domaine chirurgical (odontologie, orthopédie, chirurgie cardiovasculaire ou oculaire).

Il existe 2 catégories de biomatériaux, pouvant être synthétisés naturellement ou chimiquement. Les biomatériaux fibreux (nitrocellulose) possèdent une structure en fibres. Ce réseau fibreux est semblable à la morphologie de la matrice extracellulaire, ainsi cette structure est optimale pour la migration, la différenciation et la prolifération cellulaires. Cependant, leur composition chimique présente une incompatibilité avec l'environnement tissulaire.

Les biomatériaux à hydrogels sont composés essentiellement d'eau et de polymères chargés ou neutres. Ces hydrogels sont largement utilisés dans des études *in vivo*, du fait de leurs propriétés mécaniques (élasticité) et de biocompatibilité (ne présentant pas de réaction inflammatoire chronique et tolérés par l'organisme). Leur morphologie peut être très variable (patch, tubes). De plus, leur structure poreuse est appropriée pour associer des protéines. Cependant, ces biomatériaux sont incapables de former des fibres. Le biomatériau idéal serait donc une association de la composition des hydrogels avec une morphologie de réseaux fibreux (Nisbet and Williams, 2012).

La composition des biomatériaux hydrogels dépend de leur utilisation. L'encapsulation de facteurs de croissance est liée à une association de ces facteurs à des polymères (Physical Encapsulation

Growth factor, PEG). La nature des polymères utilisés varie selon l'application en thérapie. Les polymères utilisés sont de nature protéique (collagène, fibrine, gélatine) ou polysaccharidique (alginate, acide hyaluronique, chitosan, dextran). Ces polymères peuvent être enrichis en acide lactique et acide glycolique, pour améliorer les interactions protéines-biomatériaux (PLGA-PEG). Cette association a démontré son efficacité chez le rat, dans le système neuronal, dans la réparation du cartilage et dans l'infarctus du myocarde ; dans lequel la présence d'un biomatériau d'hydrogel incubé avec les protéines PDGF-BB, SDF-1/CXCL12 et IGF-1 réprime la pathologie (Censi and others, 2012). Les biomatériaux peuvent avoir des propriétés de biodégradation liées à la nature des polymères (pullulane/dextrane), ou associés à des composants peptidiques. Effectivement, des polymères associés au vinyle sulfone-PEG additionné de cystéines liant des substrats de MMPs sont utilisés dans la réparation tissulaire. Ces peptides associés ont pour objectif d'encapsuler à la fois les cellules et le $VEGF_{165}$. Une dégradation de la capsule par les MMPs mime les phénomènes biologiques retrouvés dans la matrice extracellulaire et permet la délivrance de ces facteurs (Lutolf and others, 2003).

Ainsi, les caractéristiques de compatibilité et de biodégradation sont innovantes dans une visée thérapeutique. Par exemple, en chirurgie cardiaque l'implantation de *stents* nécessite plusieurs actes chirurgicaux. Alors que l'implantation d'un biomatériau, d'une part libère le principe actif et d'autre part s'autodégrade ce qui nécessiterait un seul acte chirurgical.

III- Publication

-

Résultats

III- Publication et Résultats

Publication : **Suffee** N, Hlawaty H, Meddahi-Pelle A, Maillard L, Louedec L, Haddad O, Martin L, Laguillier C, Richard B, Oudar O, Letourneur D, Charnaux N, Sutton A. RANTES/CCL5-induced pro-angiogenic effects depend on CCR1, CCR5 and glycosaminoglycans. *Angiogenesis. 2012. 15(4):727-744.*

La CC- chimiokine RANTES/CCL5 interagit avec des récepteurs couplés aux protéines G (CCR1, CCR5 et CCR3) mais également avec des chaînes GAGs de type HS. Nous avons démontré que la lignée de cellules endothéliales HUV-EC-Cs exprime à la membrane plasmique les récepteurs CCR1 et CCR5, mais n'exprime pas le récepteur CCR3. Cette lignée cellulaire exprime aussi des PGs membranaires portant des chaînes HS : les SDC-1, SDC-4 et CD44 (Figure 2 et 5).

La liaison de RANTES/CCL5 aux HUVE-EC-Cs dépend de ces ligands membranaires, car cette liaison est inhibée par l'utilisation d'anticorps spécifiques et neutralisants de chacun de ces ligands membranaires. Les anticorps anti-CCR5 et anti-CCR1 utilisés sont respectivement dirigés contre la 2ème boucle extracellulaire de CCR5 (IgG2b, R&D system) et contre des acides aminés présents dans le domaine N-terminal de CCR1 (IgG2b, R&D system). Les anticorps anti-SDC-1, anti-SDC-4, et anti-CD44 sont dirigés contre les ectodomaines respectifs (DL-101, Santa Cruz ; 5G9, Santa Cruz et HCAM, Santa Cruz, respectivement) (Figure 2 et 5).

RANTES/CCL5 stimule l'étalement et la migration des cellules HUV-EC-Cs, qui constituent des étapes préliminaires de l'angiogenèse. Nous avons étudié la formation de réseaux vasculaires en 2D et des tubes vasculaires en 3D. Le test en 2D consiste en l'incubation des cellules HUV-EC-Cs sur une monocouche de collagène I (provenant de la queue de rat). Le test en 3D® commercialisé par Promocell® est une multicouche de collagène I où des agrégats de cellules HUVEC sont présents dans l'épaisseur de collagène **Figure 36 (page 114)**.

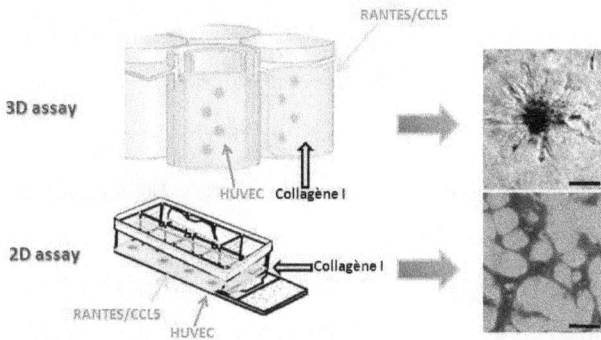

Figure 36 : *Représentation des modèles d'angiogenèse in vitro.* *Modèle en 3 dimension (3D). Les cellules HUVECs sont placées en agrégats dans une matrice épaisse de collagène de type I. Les résultats sont observés par l'apparition de tubes partant de la bille. Modèle en 2 dimension (2D). Les cellules HUV-EC-Cs sont ensemencées sur une monocouche de matrice de collagène de type I. La formation d'un réseau vasculaire est observée au microscope optique. Bar=50μm.*

RANTES/CCL5 induit la formation de réseaux vasculaires en 2D et de tubes vasculaires en 3D (Figure 3). Ces effets biologiques induits par RANTES/CCL5 sont dose-dépendants jusqu'à 3 nM. La dose maximale de RANTES/CCL5 dans l'induction de l'étalement, la migration et la formation de réseaux vasculaires des HUV-EC-Cs est de 3 nM, dose physiologique de la chimiokine (Figure 3). Afin de mettre en évidence la part de chacun des ligands membranaires de RANTES/CCL5 dans les effets biologiques induits par la chimiokine, nous avons incubé les cellules HUV-EC-Cs avec des anticorps spécifiques dirigés contre chacun des récepteurs. Les RCPGs CCR1 et CCR5 sont impliqués dans l'étalement, la migration et la formation de réseaux vasculaires induits par 3 nM de RANTES/CCL5 (Figure 3).

RANTES/CCL5 interagit aussi avec des chaînes GAGs de type HS. L'implication de ces chaînes a également été évaluée :

1- Par l'incubation de RANTES/CCL5 avec de l'héparine de bas poids moléculaire (8000 KDa, Sigma-aldrich), un polysaccharide sulfaté ayant une structure proche des chaînes héparane sulfate ;

2- Par une incubation des cellules HUV-EC-Cs avec un inhibiteur de la biosynthèse des GAGs, le β-D-xyloside, suivie d'une stimulation des cellules par RANTES/CCL5. Le β-D-xyloside est un inhibiteur compétitif du substrat de la xylosyltransférase, enzyme intervenant dans la biosynthèse des chaînes GAGs. Les résultats montrent que cet inhibiteur entraîne une abolition de la migration des HUV-EC-Cs, une diminution de l'étalement et de la formation de réseaux vasculaires en 2D, témoignant de l'implication des chaînes GAGs dans les effets biologiques induits par RANTES/CCL5. Les résultats sont confirmés par l'interaction de RANTES/CCL5 avec de l'héparine. Les sites de liaison de RANTES/CCL5 (BBXB) aux chaînes HS sont impliqués dans les effets biologiques induits par la chimiokine (Figure 6). Afin de confirmer l'importance de l'interaction de RANTES/CCL5 avec les chaînes GAGs dans ses effets biologiques pro-angiogéniques, nous avons utilisé deux mutants de RANTES/CCL5 : 1- Le [^{44}ANAA^{47}]-RANTES/CCL5, dont les acides aminés basiques présents au niveau du site de liaison aux chaînes GAGs sont substitués par un acide aminé neutre (Alanine). 2- Le [E66A]-RANTES/CCL5 dimérique qui présente une substitution du Glutamate par l'Alanine. Le [^{44}ANAA^{47}]-RANTES/CCL5 n'induit aucune formation de tubes *in vitro* et la migration des cellules HUV-EC-Cs induite par ce mutant est faible. L'induction de l'étalement et la migration des HUV-EC-Cs par [E66A]-RANTES/CCL5 est abolie (Figure 7).

L'identification des PGs portant des chaînes GAGs de type HS impliqués dans les effets biologiques induits par RANTES/CCL5 a été menée par l'utilisation d'anticorps spécifiques, dirigés contre les ectodomaines respectifs de chacun des PGHS : SDC-1, SDC-4 et CD44. Le CD44 et le SDC-1 possèdent à la fois des chaînes GAGs de type HS et CS. Les résultats démontrent que le SDC-4 semble jouer un rôle primordial dans la migration des HUV-EC-Cs induite par RANTES/CCL5, alors que les SDC-1 et CD44 semblent être minoritairement impliqués dans cet effet. La neutralisation des RCPGs semble affecter davantage l'étalement et la formation de réseaux vasculaires des HUV-EC-Cs induits par RANTES/CCL5, comparativement à la neutralisation des PGHS (Figure 6).

L'effet angiogénique de RANTES/CCL5 a également été étudié dans un modèle animal. Pour cela, RANTES/CCL5 a été associé à un biomatériau composé de fibres de nitrocellulose, avant d'être implanté en sous-cutané chez le rat. La microscopie confocale a permis de mettre en évidence, par l'utilisation de streptavidine marquée à un fluorochrome, l'association de RANTES/CCL5 biotinylée aux fibres de nitrocellulose (données non montrées). Parallèlement, un dosage ELISA de RANTES/CCL5 démontre l'absence de la chimiokine dans le milieu de culture dans lequel le biomatériau a été incubé. Ces données confirment l'association de la chimiokine au biomatériau (données non montrées).

Vingt-cinq jours après l'implantation chez l'animal on observe que le biomatériau reste intact et l'histologie montre un infiltrat cellulaire dans le biomatériau. Une étude plus approfondie de la nature des cellules infiltrées pourrait être menée par la suite, à l'aide de marqueurs spécifiques des leucocytes. D'autre part, RANTES/CCL5 à 10 nM induit la formation de vaisseaux autour du biomatériau présentant une morphologie avec des aspects variables. Les cellules endothéliales formant les vaisseaux présentent à leur surface les récepteurs CCR1, CCR5 et les PGHS SDC-1, SDC-4 et CD44 (Figure 2 et 5). De plus, l'association du biomatériau avec le [^{44}ANAA^{47}]-RANTES/CCL5 et [E66A]-RANTES/CCL5 confirme que la liaison aux chaînes GAGs et l'oligomérisation de RANTES/CCL5 sont deux critères indispensables dans l'induction de l'angiogenèse par la chimiokine (Figure 7). Ainsi, nous observons que les capillaires formés *in vivo* sont moins nombreux et moins longs lorsque le biomatériau a été associé avec [^{44}ANAA^{47}]-RANTES/CCL5 et [E66A]-RANTES/CCL5 en comparaison avec RANTES/CCL5.

Pour favoriser la migration des cellules endothéliales et la formation de réseaux vasculaires, une étape de dégradation de la matrice extracellulaire est nécessaire au préalable. Cette dégradation de la matrice extracellulaire est assurée par des métalloprotéases matricielles. Nous avons ainsi mis en évidence la présence des gélatinases MMP-2 et -9 dans les surnageants des HUV-EC-Cs stimulés par RANTES/CCL5 et dans celui du broyat du biomatériau et de son tissu environnant. L'utilisation des anticorps dirigés contre la pro-forme de la MMP-2 ou de la MMP-9 a permis de mettre en évidence l'implication de ces enzymes dans la migration, l'étalement et la formation de réseaux vasculaires. La MMP-9 semble être davantage impliquée dans les effets biologiques induits par RANTES/CCL5 que la MMP-2 (Figure 4).

La formation de réseaux vasculaires implique des facteurs de croissance angiogéniques. Le principal facteur impliqué dans cet effet est le VEGF. Par un dosage ELISA du VEGF, nous avons observé que RANTES/CCL5 stimule la sécrétion du VEGF dans le milieu de culture des HUV-EC-Cs. Afin de déterminer les effets propres de RANTES/CCL5 dans la migration, l'étalement et la formation de réseaux vasculaires des HUV-EC-Cs, nous avons incubé ces cellules avec des anticorps neutralisants dirigés contre les récepteurs du VEGF (VEGF-R1/Flt et VEGFR2-KDR). Les résultats démontrent que les anticorps dirigés contre les récepteurs du VEGF n'inhibent pas l'étalement ni la migration des HUV-EC-Cs induits par RANTES/CCL5. A l'inverse, on observe une diminution de la formation de réseaux vasculaires des HUV-EC-Cs induits par RANTES/CCL5 et préalablement incubées avec les anticorps spécifiques des récepteurs du VEGF. L'induction de la formation de réseaux vasculaires des HUV-EC-Cs induit par RANTES/CCL5 est donc médiée par l'interaction du VEGF avec ses récepteurs (Figure 4).

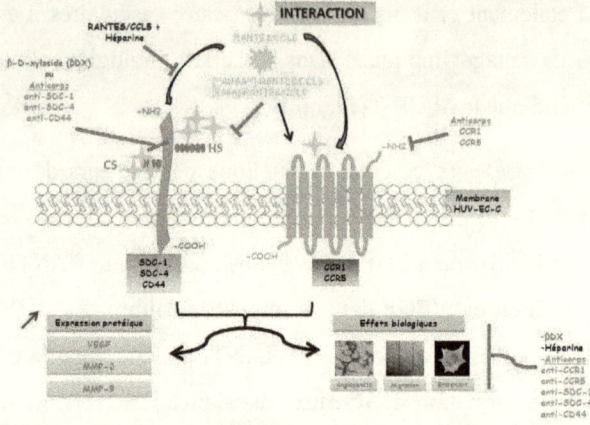

Figure 37 : *Effets induits par RANTES/CCL5 sur les cellules endothéliales. Modulation de ces effets par des anticorps spécifiques des ligands membranaires de RANTES/CCL5.*

Résultats complémentaires

Résultats complémentaires

Les RCPGs de RANTES/CCL5 induisent une signalisation intracellulaire impliquée dans la migration des HUV-EC-Cs induite par RANTES/CCL5.

Afin de déterminer les voies de signalisation impliquées dans les effets induits par RANTES/CCL5 sur des HUV-EC-Cs, nous avons utilisé des inhibiteurs pharmacologiques de différentes voies de signalisation. Au préalable, un test de cytotoxicité de ces molécules a été réalisé. Les doses 1 et 10 µM ne sont pas cytotoxiques sur les HUV-EC-Cs.

Pour déterminer les voies de signalisation induites par RANTES/CCL5 impliquées dans la migration, les HUV-EC-Cs ont été pré-incubées 2 heures à 37°C avec 1 µM des inhibiteurs pharmacologiques des voies de signalisation MAPK (PD98059), c-jun NH-terminale kinase/stress-activated protein kinase (JUN/SAPK) (SP600125) et des protéines activées par les protéines G : Rho kinase (Y27632), PI3K (LY9908), PKCδ (Rottlerin R5648) et la PKC total (Bisindolylmaleimide), à 1 µM chacun.

Les résultats montrent qu'une inhibition de Rho kinase et de PKC abolit la migration des cellules HUV-EC-Cs induite par RANTES/CCL5 ($100\pm2\%$ et $100\pm15\%$, respectivement, $* P < 0.05$) **Figure 38 (page 123)**. Parmi les isoformes de la PKC, l'inhibition de la PKCδ démontre une forte diminution de la migration des HUV-EC-Cs induite par RANTES/CCL5 (96±1%, *, $P < 0.05$) **Figure 38 (page 123)**. Une inhibition de la PI3K diminue la migration des HUV-EC-Cs induite par RANTES/CCL5 de 90±14% (*, $P < 0.05$) **Figure 38 (page 123)**. La PI3K est capable d'activer des protéines en aval de celle-ci. Ainsi les voies MAPK et JNK/SAPK ont été étudiées dans la migration des HUV-EC-Cs induite par RANTES/CCL5. L'inhibition des MAPK et JUN/SAPK induit la diminution de la migration des HUV-EC-Cs induites par RANTES/CCL5 de 86±12% et 93±16% respectivement (*, $P < 0.05$) **Figure 38 (page 123)**. Ces résultats nécessitent une étude de la dose réponse de chacun des inhibiteurs de voies de signalisation induisant la migration des HUV-EC-Cs induite par RANTES/CCL5. Les doses suivantes : 1 nM, 10 nM et 100 nM pourraient être incubées avec les HUV-EC-Cs et testées en chambre de Boyden modifiées. Néanmoins les inhibiteurs pharmacologiques à la dose de 1 μM démontrent l'implication des voies Rho kinase, PKC, PI3K, MAPK et JNK/SAPK dans la migration des HUV-EC-Cs induite par RANTES/CCL5.

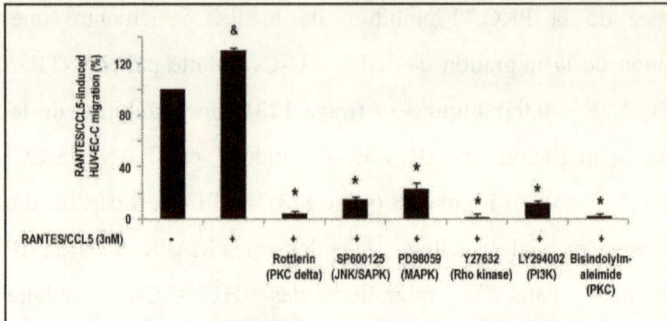

Figure 38 : *PKC, PKCδ, JNK/SAPK, MAPK, PI3K et Rho kinase sont les voies de signalisation induites par RANTES/CCL5 dans les cellules HUV-EC-Cs et impliquées dans leur migration.* *Les histogrammes représentent la moyenne ± SEM de cellules ayant migré comptées par champs au cours de 3 expériences indépendantes. Les HUV-EC-Cs ont été traitées avec 1 µM des inhibiteurs pharmacologiques respectifs des voies de signalisation et ont migré vers une chambre contenant soit du milieu seul soit RANTES/CCL5 à 3 nM. La moyenne des cellules contrôles non traitées est fixée à 100%. *, P < 0,05, versus les cellules traitées avec 3 nM de RANTES/CCL5. &, P < 0,05, versus les cellules non traitées.*

Nous avons confirmé par western blot, l'implication des voies de signalisation ERK et JNK/SAPK, par l'utilisation d'anticorps dirigés contre les résidus thréonines 202 et 204 pour ERK 1/2 et la thréonine 183 et la tyrosine 185 des JNK/SAPK, impliqués dans la transmission du signal. **Figure 39 (page 125).** Une stimulation des HUV-EC-Cs pendant 15 minutes avec 3 nM de RANTES/CCL5 induit la phosphorylation de JNK/SAPK. **Figure 39 a. (page 125).** RANTES/CCL5 induit également l'activation d'ERK 1/2 par les HUV-EC-Cs incubées 15 minutes avec 3 nM de la chimiokine. **Figure 39 b (page 125).**

Les voies de signalisations sont induites par l'activation des récepteurs lors de leurs interactions avec les chimiokines. Afin de déterminer le rôle de chaque récepteur dans l'induction des voies de signalisation des HUV-EC-Cs par RANTES/CCL5, nous avons inhibé CCR1 et CCR5 avec 5 µg/ml des anticorps neutralisants respectifs.

Une diminution de la phosphorylation de la voie JNK/SAPK en présence d'un anti-CCR5, mais pas en présence d'un anti-CCR1, démontre que cette voie est activée principalement par le récepteur CCR5. **Figure 39 a. (page 125)**. Alors que l'activation de la voie MAPK (p42-p44) est médiée par les deux récepteurs CCR1 et CCR5 stimulée par RANTES/CCL5. **Figure 39 b. (page 125)**.

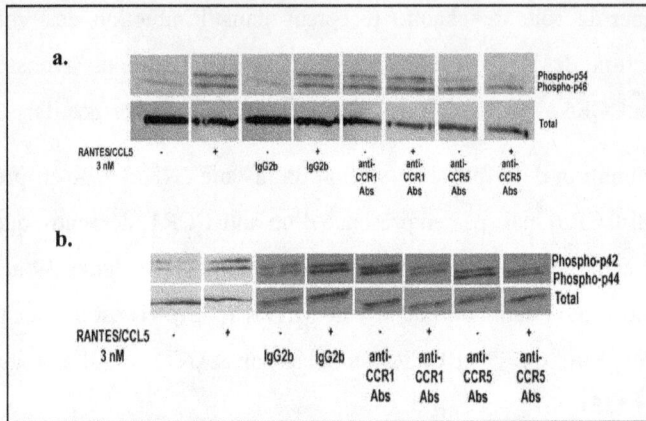

Figure 39 : *JNK/SAPK (a.) et ERK 1/2 (b.) impliquées dans la migration des HUV-EC-Cs induite par 3 nM de RANTES/CCL5.* (a) *Les cellules HUV-EC-Cs incubées 15 minutes avec 3 nM de RANTES/CCL5 induisent la phosphorylation JNK/SAPK 1 (p54) et JNK/SAPK 2/3 (p46).* (b) *Les cellules HUV-EC-Cs incubées avec 3 nM de RANTES/CCL5 pendant 15 minutes induit la phosphorylation d'ERK-1 (p44) et ERK-2 (p42). Les cellules HUV-EC-Cs sont incubées avec un anticorps anti-CCR1 et anti-CCR5 puis stimulées avec 3 nM de RANTES/CCL5 pendant 15 minutes. Analyse de la forme phosphorylée (Phospho) et totale de ERK-1/-2 (p44/p42) et JNK/SAPK (p54/p46) par Western blot. Les extraits cellulaires sont séparés sur un gel SDS-page 10 % et l'immuno-blot est réalisé avec des anticorps phospho-spécifiques p44/p42 ERK et p54/p46 JNK/SAPK et parallèlement l'immuno-blot a été incubé avec un anti-total p44/p42 ERK et anti-total p54/p46 de JNK/SAPK.*

Ces résultats préliminaires suggèrent que RANTES/CCL5 stimulerait la migration des HUV-EC-Cs en activant les voies de signalisations MAPK et JNK/SAPK lors de son interaction avec CCR1 et CCR5. D'autre part, l'utilisation d'inhibiteurs pharmacologiques démontre l'implication de la PI3K et de la PKC et confirme celle des MAPK et JNK/SAPK dans la migration des cellules HUV-EC-Cs induite par RANTES/CCL5. Il nous reste à montrer l'activation des voies PI3K, PKC et Rho kinase par western blot ou par imagerie cellulaire en temps réel. Il serait également intéressant d'étudier l'influence respective de chaque protéoglycanne corécepteur de RANTES/CCL5 (CD44, SDC-1 et SDC-4) dans la transduction de signaux intracellulaires et impliqués dans la migration des cellules HUV-EC-Cs.

Etude de l'internalisation des RCPGs dans les HUV-EC-Cs après stimulation par RANTES/CCL5.

La fixation d'un ligand sur un récepteur couplé aux protéines G entraîne une régulation de l'expression de ce récepteur à la membrane cellulaire à travers une désensibilisation, une internalisation, un recyclage ou la dégradation du RCPG. Pour déterminer le devenir des récepteurs CCR1 et CCR5 après interaction avec RANTES/CCL5, des tests d'internalisation de ces RCPGs ont été entrepris. Pour cela, nous avons mesuré le temps de disparition des RCPGs à la membrane des HUV-EC-Cs par cytométrie en flux et immuno-cytochimie, suite à la stimulation par la chimiokine.

L'incubation de RANTES/CCL5 à 3 nM sur les cellules HUV-EC-Cs durant 30 minutes aboutit à une disparition de CCR1 de $45 \pm 13\%$ et à une disparition de CCR5 de $37 \pm 29\%$ à la membrane des cellules HUV-EC-Cs (n=2, non significatif). En revanche, un traitement d'1 heure de RANTES/CCL5 à 3 nM semble induire une disparition totale de CCR1 et CCR5 à la surface des HUV-EC-Cs ($100 \pm 28\%$ et $100 \pm 6\%$ respectivement,*, $P < 0.05$) **Figure 40 (page 127)**. L'immuno-cytochimie permet de suivre l'évolution de l'internalisation des RCPGs à l'aide d'un premier anticorps spécifique d'un RCPG puis d'un anticorps secondaire couplé à un fluorochrome Alexa 555. En fonction du temps, les HUV-EC-C présentent CCR1 et CCR5 à leur membrane ; ces RCPG restent exprimés à la surface des HUV-EC-Cs non traitées. Les HUV-EC-Cs traitées avec 3 nM de RANTES/CCL5, présentent à leur surface CCR1 et CCR5. Dès les 10 premières minutes ces récepteurs semblent être internalisés dans le cytoplasme de la cellule, puisque leur présence à la surface des HUV-EC-Cs est diminuée et le marquage observé est intracellulaire **Figure 41 (page 128)**.

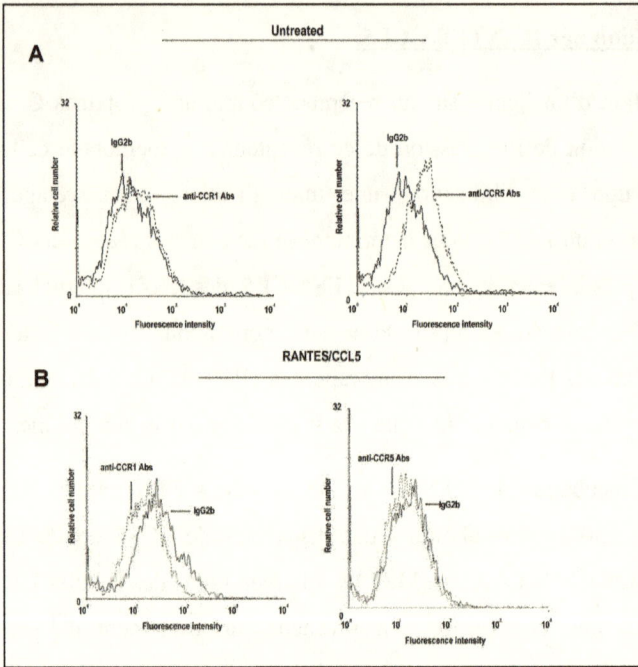

Figure 40 : *Analyse par cytométrie en flux de l'expression membranaire des récepteurs CCR1 et CCR5 à la surface des HUV-EC-Cs. (A) Les HUV-EC-Cs non traitées sont incubées avec les anticorps anti-CCR1 (Gauche) et anti-CCR5 (Droite). L'anticorps secondaire est couplé à la FITC. La fixation est comparée à celle de leur isotype respectif. (B) Les HUV-EC-Cs sont incubées 1 heure avec 3 nM de RANTES/CCL5 puis l'expression protéique à la membrane des HUV-EC-Cs de CCR1 (gauche) et CCR5 (droite) est révélée par des anticorps anti-CCR1 et anti-CCR5 (IgG2b de souris). L'anticorps secondaire est couplé à la FITC. La fixation est comparée à celle de leur isotype respectif (IgG2b) (n=3).*

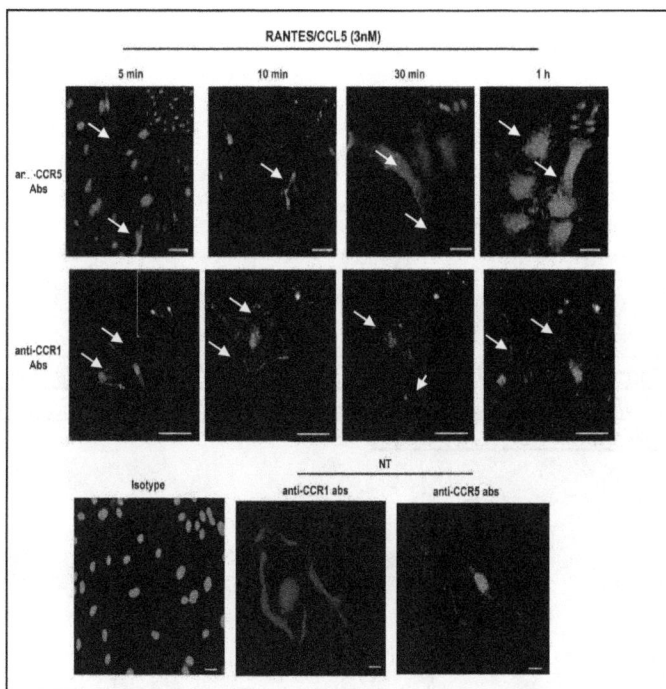

Figure 41 : *Expression protéique de CCR1 et CCR5 à la surface des HUV-EC-Cs analysée par immuno-cytochimie.* L'expression de CCR1 et CCR5 a été révélée par immuno-marquage par des anticorps anti-CCR1 et anti-CCR5 (IgG2b de souris). L'anticorps secondaire est couplé à un fluorochrome Alexa 555® (rouge). Le marquage des récepteurs est comparé à l'isotype IgG2b. Les noyaux sont marqués au DAPI (bleu). Les cellules préalablement traitées par 3 nM de RANTES/CCL5 sont comparées aux cellules HUV-EC-Cs non traitées. Le marquage des récepteurs est indiqué par une flèche blanche. (Panel du haut) bar=25µm (Panel du bas) bar=10 µm.

Le schéma situé en **figure 42 (page 129)** résume les résultats complémentaires effectués sur l'étude moléculaire des HUV-EC-Cs stimulées par RANTES/CCL5.

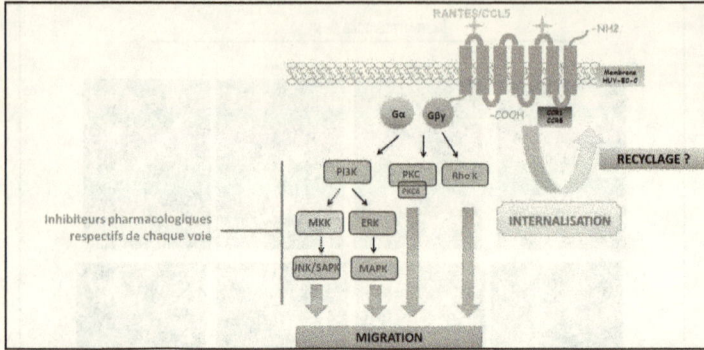

Figure 42 : *Schéma récapitulatif de l'induction des signaux intracellulaires par l'activation des récepteurs de RANTES/CCL5 et internalisation de CCR1 et CCR5.*

Suffee N., et al. Revascularisation induite par RANTES/CCL5 dans un modèle d'ischémié de pattes de souris : implication possible de cellules endothéliales progénitrices. (en cours de publication)

INTRODUCTION

Les maladies chroniques des membres périphériques (artériopathie) sont des pathologies liées à l'obstruction des artères (ischémie) (Jang et al. 2012). Cette obstruction a pour conséquence un appauvrissement en oxygène (hypoxie) et ainsi une nécrose tissulaire avascularisée. Actuellement, les thérapies visent à induire la formation de vaisseaux, permettant de revasculariser le tissu, par injection de substances pharmacologiques pro-angiogéniques. Malgré ces actes thérapeutiques, l'amputation du membre nécrosé est la solution ultime (Simons et al. 2002, Tirziu and Simons 2005).

Il a été démontré qu'une lésion des cellules endothéliales formant les vaisseaux entraîne la sécrétion de facteurs angiogéniques et parmi eux la chimiokine SDF-1/CXCL12, qui induit la formation de néo-vaisseaux en recrutant des cellules progénitrices endothéliales (CPEs) sur le site ischémié (Bouvard et al. 2010, Ho T. K. et al. 2012, Rosenkranz et al. 2010). Il a été démontré un rôle primordial des CPEs et des leucocytes dans la formation de nouveaux vaisseaux (Schirmer et al. 2009b, Westerweel et al. 2008). Basé sur ces travaux, nous nous intéressons à la capacité de la chimiokine RANTES/CCL5 à induire de nouveaux vaisseaux dans des conditions d'hypoxie. Il a été démontré qu'une dose physiologique de RANTES/CCL5 (3 nM) est sécrétée par les cellules endothéliales cultivées en milieu enrichi en facteurs de croissance (Suffee et al. 2012). RANTES/CCL5 induit la formation de réseaux vasculaires en stimulant la migration et l'étalement de cellules endothéliales (HUV-EC-Cs), à travers son interaction avec CCR1 et CCR5. Les chaînes GAGs de type HS semblent également participer aux effets induits par RANTES/CCL5 et plus particulièrement celles portées par les PGHS SDC-1, SDC-4 et CD44 (Suffee et al. 2012). Des études sur la capacité de RANTES/CCL5 à s'associer à un biomatériau ont démontré qu'après une implantation en sous-cutané de disque composé de nitrocellulose incubée avec RANTES/CCL5, des vaisseaux se forment autour du biomatériau après 25 jours (Suffee et al. 2012).

Cette étude a pour but de démontrer que : 1- RANTES/CCL5 est capable de s'associer à un biomatériau polysaccharidique biodégradable, composé de pullulane (75%) et de dextrane (25%) (Abed et al. 2011, Autissier et al. 2010). Le pullulane est un polysaccharide neutre, linéaire et non immunogène, utilisé en pharmaceutique et en alimentaire, grâce à ses propriétés et sa biocompatibilité, il est composé de sous-unités de glucose, liés entre eux par des ponts glucosidiques (Autissier et al. 2007). Le dextrane est également un polymère naturel de glucose (Varshosaz 2012). En fonction des caractéristiques liées à sa synthèse, le biomatériau possède des pores plus ou moins lâches dans lesquels peuvent s'insérer des molécules (Chaouat et al. 2006, Wan et al. 2004). Nous avons utilisé un modèle d'implantation en sous-cutané chez la souris pour valider les effets angiogéniques de RANTES/CCL5 associé au biomatériau polysaccharidique. Puis, dans une visée de stratégie thérapeutique nous réalisons un modèle d'ischémie de pattes de souris, dont l'artère *Profunda femoris* a été ligaturée, suivie d'une implantation du biomatériau associé à RANTES/CCL5 dans le muscle (Sarlon et al. 2012).

2- L'implantation du biomatériau associé à RANTES/CCL5 dans le muscle de la souris dont la patte a été ligaturée, potentialise l'effet angiogénique de la chimiokine par rapport à l'injection de la chimiokine seule. 3- Notre hypothèse est que l'effet angiogénique de RANTES/CCL5 dans ce modèle d'ischémie de la patte de souris pourrait être du au recrutement de cellules progénitrices endothéliales (CPEs) sur le site ischémié, sous l'effet de la chimiokine. Par ailleurs nous avons envisagé la possibilité que la chimiokine RANTES/CCL5 puisse favoriser l'étalement et la migration des CPEs ainsi que la formation de réseaux vasculaires par ces cellules. Pour cela, nous étudions les effets de RANTES/CCL5, *in vitro*, sur les cellules CPEs provenant de cordons ombilicaux, isolées et caractérisées par l'équipe du Pr. Larghuero de l'unité de recherche de thérapie cellulaire UMR-S-940 de l'hôpital Saint-Louis (Paris). Le phénotype endothélial acquis par les CPEs est confirmé par la présence des marqueurs endothéliaux CD31, CD144 et KDR/VEGF-R2 (Vanneaux et al. 2010).

EFFETS BIOLOGIQUES DES CPE INDUITS PAR RANTES/CCL5

Les cellules endothéliales matures (HUV-EC-Cs) sécrètent RANTES/CCL5 à 3 nM, dans le milieu conditionné (Suffee et al. 2012), tandis que par un dosage ELISA, nous montrons que les CPEs ne sécrètent pas la chimiokine RANTES/CCL5 (1.9 ± 0.13 pg/ml *versus* le milieu de culture basal des CPEs 1.7 ± 0.04 pg/ml, n=3) dans leur milieu conditionné. Dans le but de mimer la migration des CPEs sur un site de lésion endothéliale nous avons effectué une blessure d'un tapis de cellules HUV-EC-Cs. Nous mettons en évidence une induction de 128 ± 10 % de la migration des CPEs incubées avec le milieu conditionné des HUV-EC-Cs ayant subi au préalable une blessure durant 24 heures, par rapport au milieu conditionné des HUV-EC-Cs non blessées (*, $P < 0.05$, **Figure 43 A, (page 134)**). Notre hypothèse est que RANTES/CCL5 sécrétée par les HUV-EC-Cs interagit avec des RCPGs et/ou des PGHS présents à la surface des cellules CPEs, pouvant ainsi induire la migration et l'adhérence des CPEs sur le site lésé. Par un test au MTT (bromure de 3-(4,5-dimethylthiazol-2-yl)-2,5-diphenyl tetrazolium), nous avons observé que les CPEs incubées pendant 24 heures avec 3 nM de RANTES/CCL5 sont viables mais ne prolifèrent pas davantage que les cellules incubées avec le milieu seul. D'autre part, RANTES/CCL5 induit la migration et l'adhérence des CPEs sur une couche de fibronectine ainsi que la formation de réseaux vasculaires en 2D sur une couche de Matrigel®, de manière dose-dépendante (**Figure 43 B,C,D,E, (page 134)**). Ainsi, 3 nM de RANTES/CCL5 semble être la dose optimale significative permettant l'induction de la migration (153±17%), l'adhérence (136±11%) et la formation de réseaux vasculaires en 2D (aire : 148±1% ; longueur : 172±8%) des CPEs (*, $P < 0.05$, **Figure 43 B,C,D,E (page 134)**).

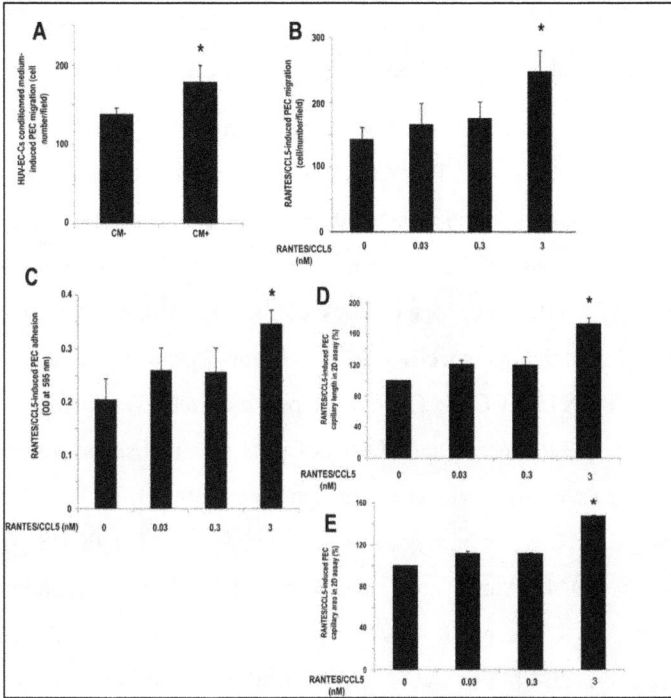

Figure 43 : *Adhérence, migration et formation de réseaux vasculaires induits par RANTES/CCL5.* *(A,B,C,D) Les histogrammes représentent la moyenne ± SEM du nombre de cellules ayant migré, adhéré et formant des réseaux vasculaires comptées par champ au cours de 3 expériences indépendantes. (A) Les CPEs migrent à travers le milieu conditionné des HUV-EC-Cs blessées durant 24 heures (CM+), comparé au milieu conditionné des HUV-EC-Cs non blessées (CM-). La migration (B) et l'adhérence (C) des CPEs ainsi que la longueur (D) et l'aire des capillaires formés (E) par les CPEs sont induits par 0,03, 0,3 et 3 nM de RANTES/CCL5 par rapport aux cellules contrôles incubées en absence de RANTES/CCL5. La moyenne des cellules contrôles non traitées est fixée à 100%. *, P < 0,05, versus les cellules non traitées.*

Les effets biologiques induits par RANTES/CCL5 sur les CPEs peuvent impliqués ses RCPGs et/ou les PGHS présents à la surface des CPEs.

CARACTÉRISATION DES RÉCEPTEURS ET CORÉCEPTEURS DE RANTES/CCL5 À LA MEMBRANE DES CPE

RANTES/CCL5 exerce des effets biologiques sur différents types cellulaires à travers ses RCPGs CCR1 et CCR5 ainsi que des PGHS SDC-1, SDC-4 et CD44 (Charni et al. 2009, Slimani et al. 2003b, Suffee et al. 2012). Nous avons étudié l'expression protéique de ces récepteurs et corécepteurs à la surface des cellules CPEs, par cytométrie en flux, en utilisant des anticorps spécifiques de chaque ligand membranaire. Le RCPG de RANTES/CCL5, CCR5, est peu exprimé à la membrane des CPEs, alors que les récepteurs CCR1 et CCR3 y sont absents. Nous avons également pu mettre en évidence la présence de chaînes HS à la surface des cellules CPEs. Ces chaînes peuvent être portées par les PGHS SDC-1, SDC-4 et CD44. Ainsi, nous avons recherché leur expression à la membrane des CPEs par l'utilisation d'anticorps spécifiques du SDC-4, SDC-1 et du CD44. Le SDC-4 est exprimé à la surface des CPEs de manière relativement moins importante que le CD44, alors que le SDC-1 n'est pas exprimé à la surface des CPEs (**Figure 44 A (page 136)**). RANTES/CCL5 biotinylé se fixe à la membrane des CPE de manière dose-dépendante (**Figure 44 B (page 136)**). Cette liaison est inhibée par un anticorps anti-CCR5, anti-SDC-4 ou anti-CD44 (**Figure 44 C, (page 136)**).

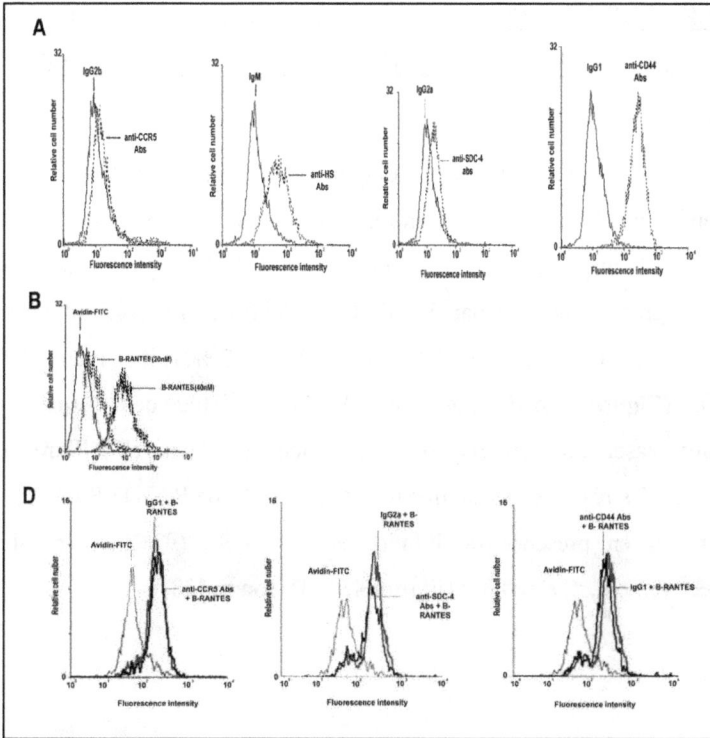

Figure 44 : *Analyse par cytométrie en flux de l'expression membranaire du récepteur CCR5 et des PGHS SDC-4 et CD44 à la surface des CPEs.* *(a.) Les CPEs sont incubées avec des anticorps anti-CCR5, anti-CD44 et anti-SDC-4 ou avec leur isotype respectif et sont révélés par un anticorps couplé à la FITC. (b.) RANTES/CCL5 se lie aux CPEs de manière dose-dépendante. Les CPE sont incubées avec 20 ou 40 nM de RANTES/CCL5 biotinylée (B-RANTES) et la liaison a été analysée par cytométrie en flux par l'avidin-FITC. (c.) Inhibition de la liaison de B-RANTES par incubation des CPE avec un anticorps anti-CCR5, anti-SDC-4 et anti-CD44 ou leurs isotypes respectifs. La liaison de B-RANTES a été analysée par cytométrie en flux avec l'avidin-FITC. Les figures sont représentatives de 3 expériences réalisées indépendamment.*

ROLE DES RÉCEPTEURS ET CORÉCPETEURS DE RANTES/CCL5 DANS LES EFFETS BIOLOGIQUES INDUITS PAR RANTES/CCL5

La dose minimale neutralisante des anticorps anti-CCR5 (IgG2b, R&D system), anti-SDC-4 (5G9) et anti-CD44 (H-CAM) (Santa Cruz, TEBU), testée sur la migration des CPEs, a été déterminée à 5 µg/ml. L'adhérence et la migration induites par 3 nM de RANTES/CCL5 sont inhibées en présence de l'anticorps anti-CCR5 (57±14 %, 95±2 %, respectivement, *, $P < 0.05$) (**Figure 45 A,B, (page 138)**). A partir de l'étude de la formation de réseaux vasculaires en 2D, sur une couche de Matrigel®, l'aire et la longueur des réseaux vasculaires induits par 3 nM de RANTES/CCL5 sont diminuées en présence de l'anticorps anti-CCR5 (92±2 %, 68±4 %, respectivement, *, $P < 0.05$) (**Figure 45 C,D, (page 138)**).

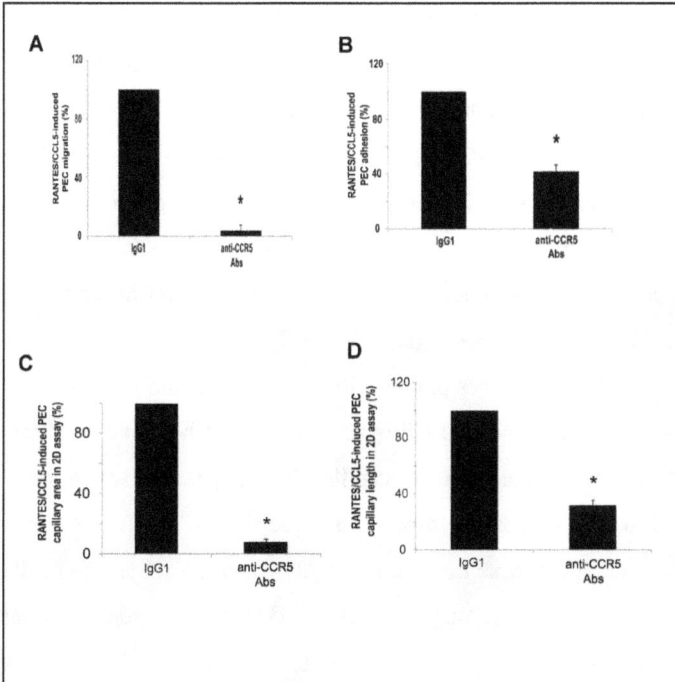

Figure 45 : *Adhérence, migration et formation de réseaux vasculaires induits par RANTES/CCL5 à travers son récepteur CCR5.*
*(A,B,C,D) Les histogrammes représentent la moyenne ± SEM du nombre de cellules ayant migré, adhéré et formant des réseaux vasculaires comptées par champ au cours de 3 expériences indépendantes. (A) Les CPEs incubées avec 5 μg/ml d'anticorps anti-CCR5 migrent moins (A), adhèrent moins sur une couche de fibronectine (B), et forment moins de réseau vasculaire (C,D) induits par 3 nM de RANTES/CCL5, par rapport aux cellules incubées avec l'isotype (IgG1) induits par RANTES/CCL5. La moyenne des cellules contrôles est fixée à 100%. * P < 0,05, versus l'isotype.*

Les effets biologiques induits par RANTES/CCL5 sont également médiés par des chaînes GAGs de type HS. Nous avons étudié l'effet de RANTES/CCL5 sur la migration, l'adhérence et la formation de réseaux vasculaires des CPEs, en présence d'une dose croissante d'héparine de bas poids moléculaire (8000 KDa, Sigma-Aldrich). L'héparine à 10 µg/ml est la dose minimale inhibant significativement l'effet de RANTES/CCL5 sur la migration des CPEs (**Figure 46 A (page 140)**). En effet, l'incubation de 3 nM de RANTES/CCL5 avec 10 µg/ml d'héparine diminue l'adhérence des CPEs de 85±5%, (*, $P < 0.05$) et diminue de 70±3% la migration des CPEs, comparativement aux cellules incubées avec de l'héparine seule (*, $P < 0.05$) (**Figure 46 A,C, (page 140)**). La longueur des capillaires des réseaux vasculaires formés par les CPEs est également diminuée de 78±6% (*, $P < 0.05$) par rapport au CPEs incubées avec l'héparine en absence de chimiokine, tandis que l'aire des capillaires n'est pas affectée (**Figure 46 D (page 140)**). L'incubation des CPEs avec 1 mM de β-D-xyloside, un inhibiteur de la synthèse des chaînes GAGs, abolit l'adhérence (100±6%), et réduit de 68±10% la migration et de 93±5% la longueur des réseaux vasculaires formés par les CPEs suite à l'induction par 3 nM de RANTES/CCL5 (**Figure 46 B,C,D, *, $P < 0.05$, (page 140)**). En revanche, l'aire des capillaires formés suite à l'induction par RANTES/CCL5 n'est pas affectée par le traitement des CPEs avec le β-D-xyloside (**Figure 46 (page 140)**).

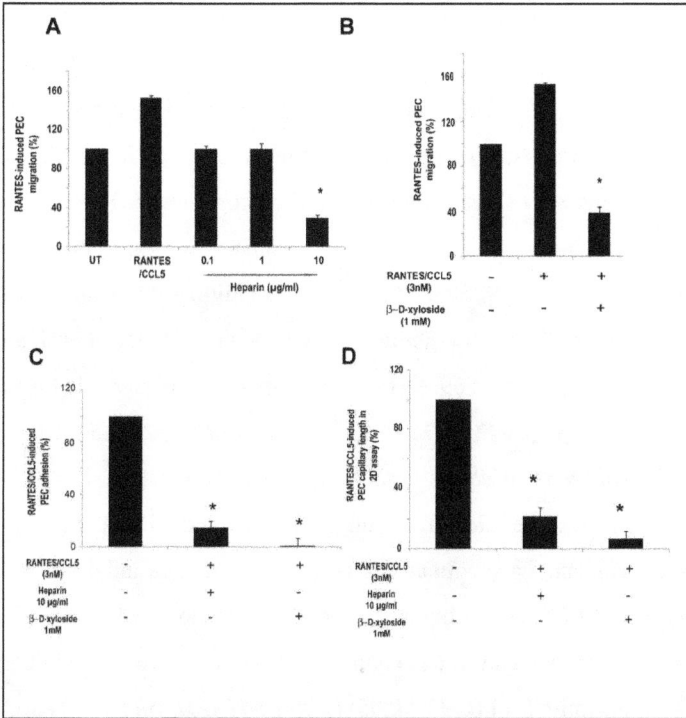

Figure 46 : _Implication des chaînes GAGs de type HS dans les_ **_effets biologiques induits par RANTES/CCL5._** _(A,B,C,D) Les histogrammes représentent la moyenne ± SEM du nombre de cellules comptées par champ au cours de 3 expériences indépendantes ayant migré, adhéré et formant des réseaux vasculaires. (A) Migration en chambre de Boyden modifiée des CPEs induite par RANTES/CCL5 incubé ou non avec l'héparine à 0,1, 1 et 10 µg/ml. (B) Migration des CPEs incubées ou non avec 1 mM de β-D-xyloside après induction par 3 nM de RANTES/CCL5. (C) L'adhérence des CPEs incubées ou non avec le β-D-xyloside induit par 3 nM de RANTES/CCL5 ou l'adhérence des CPEs stimulée par 3 nM de RANTES/CCL5 incubée ou non avec 10 µg/ml d'héparine. (D) Étude en 2D de la longueur des réseaux vasculaires des CPEs incubées ou non avec le β-D-xyloside et induite par 3 nM de RANTES/CCL5 ou RANTES/CCL5 incubé ou non avec 10 µg/ml d'héparine induit la formation des réseaux vasculaires. La moyenne des cellules non traitées ou de RANTES/CCL5 non incubé avec l'héparine est fixée à 100%. * P < 0.05, versus les cellules non traitées. * P < 0.05, versus RANTES/CCL5 non incubé avec l'héparine._

Au vue de l'importance des chaînes HS dans les effets cellulaires médiés par RANTES/CCL5, nous avons étudié l'influence des PGHS corécepteurs de RANTES/CCL5 dans les effets biologiques induits par cette chimiokine. Nous démontrons que l'adhérence induite par 3 nM de RANTES/CCL5 des CPEs incubées 2 heures avec 5 µg/ml d'anticorps anti-SDC-4 est inchangée comparativement à l'isotype alors qu'incubées avec 5µg/ml d'anti-CD44, elle est inhibée de $92\pm8\%$ (*, $P < 0.05$) (**Figure 47 A (page 142)**). La migration des CPEs est abolie ($100\pm3\%$) en présence d'anticorps anti-CD44 et est inhibée de $69\pm9\%$ avec un anticorps anti-SDC-4 (**Figure 47 B**, *, $P < 0.05$, **(page 142)**). De plus, l'induction par RANTES/CCL5 de l'aire des réseaux vasculaires est abolie ($100\pm2\%$, $100\pm4\%$, *, $P < 0.05$) après traitement des cellules avec un anticorps anti-SDC-4 ou anti-CD44, respectivement. La longueur des réseaux vasculaires induits par 3 nM de RANTES/CCL5 est diminuée respectivement de $81\pm10\%$ et de $74\pm8\%$ suite à la pré-incubation des cellules HUV-EC-Cs avec des anticorps anti-SDC-4 ou anti-CD44 (*, $P < 0.05$) (**Figure 47 C,D, (page 142)**).

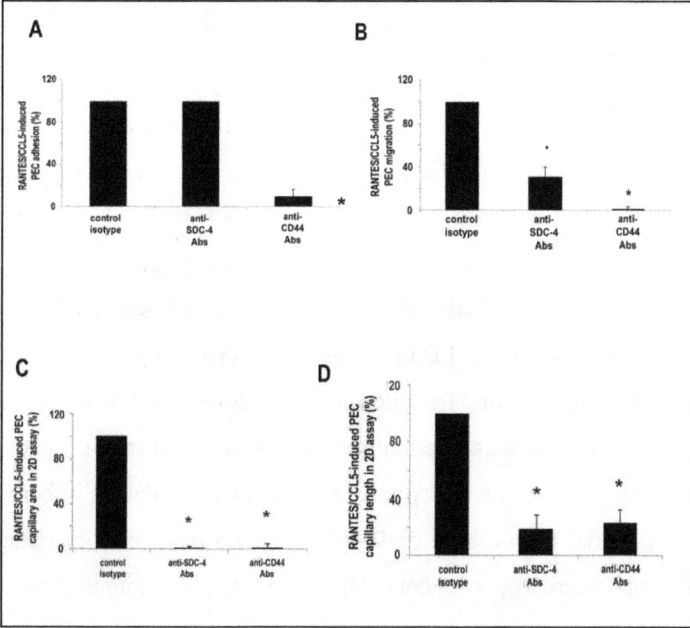

Figure 47 : _Implication des PGHS, SDC-4 et CD44 dans l'adhérence, la migration et la formation de réseaux vasculaires induits par RANTES/CCL5._ *(A,B,C,D) Les histogrammes représentent la moyenne ± SEM du nombre de cellules comptées par champ au cours de 3 expériences indépendantes ayant migré, adhéré et formant des réseaux vasculaires. Comparaison de l'induction par RANTES/CCL5 de l'adhérence cellulaire (A), de la migration (B) et de la formation de réseaux vasculaires (C,D) après incubation des CPEs avec des anticorps anti-SDC-4 ou anti-CD44 ou avec leur isotype respectif (IgG2a, IgG1). La moyenne des cellules contrôles est fixée à 100%. *, P < 0.05, versus l'isotype.*

DÉLIVRANCE DE RANTES/CCL5 ASSOCIÉ À UN BIOMATERIAU POLYSACCHARIDIQUE

Les biomatériaux permettent de développer une nouvelle approche à visée thérapeutique. Ils peuvent être associés à divers facteurs de croissance et permettre leur libération localement et de manière contrôlée sur un site lésé (San Juan et al. 2009, Saxena et al. 2011). Les biomatériaux utilisés dans cette étude sont composés d'un mélange de polysaccharides (75% pullulane, 25% dextrane). La forme de ces biomatériaux peut varier. En fonction de l'application, les biomatériaux peuvent être sous forme de pastilles de 8 mm de diamètre, utilisées en implantation sous-cutanée chez la souris ou en billes de 300 µm utilisées dans le modèle d'ischémie de pattes de souris. La présence de RANTES/CCL5 dans le biomatériau est révélée par microscopie à confocale grâce à une biotine associée à RANTES/CCL5 et incubée dans le biomatériau, puis par une avidine couplée à la FITC. La présence de RANTES/CCL5 est révélée dans les biomatériaux au cours du temps : 1 jour, 7 jours et 14 jours. Après incubation de RANTES/CCL5 dans les biomatériaux, la microscopie confocale montre que RANTES/CCL5 est présent dans les biomatériaux et plus précisément dans les pores de la pastille et uniquement à la surface des billes au cours des différents temps (**Figure 48 (page 144)**). Cette association est stable ; en effet on observe par test ELISA une absence de la libération de RANTES/CCL5 par les biomatériaux.

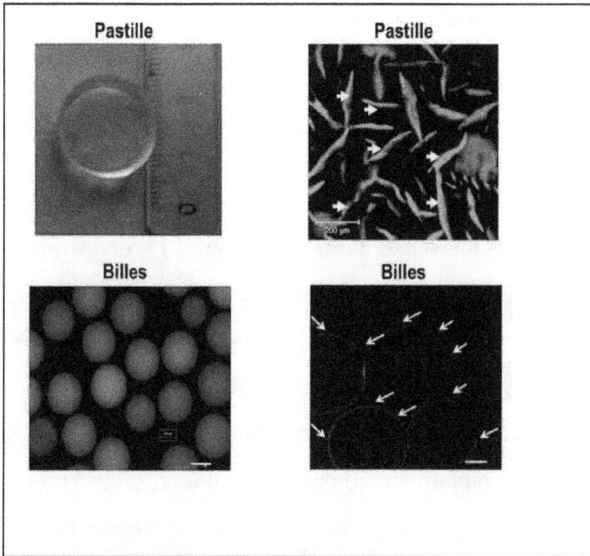

Figure 48 : _Biomatériau polysaccharidique._ _Pastille (Haut Gauche) de 8 mm et Billes de 300 µm incubées avec FITC (Bas Gauche) composées de pullulane/dextrane. Bar=250µm Présence de RANTES/CCL5 biotinylé révélé par l'avidine associé à la FITC, dans la pastille (Haut Droite). Bar=100µm, et à la surface des billes (Bas Droite) Bar=50µm._

EFFET ANGIOGÉNIQUE DE RANTES/CCL5 POTENTIALISÉ PAR LE BIOMATERIAU

Les biomatériaux en forme de pastilles de 8 mm seuls ou associés à 10 nM de RANTES/CCL5 sont implantés sur la partie dorsale de souris C57/B6 mâles noires (n=48) dans 2 poches (n=3 par condition). Parallèlement, une solution de PBS ou une solution de 10 nM de RANTES/CCL5 sont injectées en sous-cutané. L'étude macroscopique montre la présence de vaisseaux autour du biomatériau seul ou associé à RANTES/CCL5. L'injection de RANTES/CCL5 en sous-cutané entraîne la formation de vaisseaux contrairement à l'injection du PBS.

L'évaluation qualitative et quantitative des vaisseaux est observée par microscopie optique après coloration à l'éosine et à l'hématoxyline sur des coupes de 7 µm. L'aspect, la forme et le nombre de vaisseaux sont quantifiables aux 7ème et 14ème jours. L'association de RANTES/CCL5 au biomatériau augmente d'un facteur 2 le nombre de vaisseaux grands et larges en comparaison avec le biomatériau seul à J7 (68±3 *versus* 33±5, *, $P < 0.05$). Les vaisseaux formés à J14 sont trois fois plus nombreux (83±8 *versus* 18±2, *, $P < 0.05$). Après incubation du biomatériau avec RANTES/CCL5 les vaisseaux sont répartis autour du biomatériau. Les vaisseaux proches du biomatériau contenant RANTES/CCL5 sont deux fois plus larges par rapport au biomatériau seul à J7 (48±5 versus 27±3 µm, *, $P < 0.05$). Le même résultat est observé à J14 (44±6 µm versus 22±3 µm, *, $P < 0.05$). La surface des vaisseaux présents à J7, autour du biomatériau contenant RANTES/CCL5 est trois fois plus importante par rapport au biomatériau seul (934±134 µm² versus 314±46 µm², *, $P < 0.05$) et quatre fois plus grande à J14 (833±178 versus 185±38 µm², *, $P < 0.05$). La présence des globules rouges dans la lumière du vaisseau témoigne de la fonctionnalité des vaisseaux formés (**Figure 49 (page 146)**).

Les cellules endothéliales formant les vaisseaux sont marquées par l'utilisation d'anticorps spécifiques (anti-CD31, AbD serotec) et la maturité des vaisseaux néoformés est déterminée par le marquage des cellules musculaires lisses avec l'actine musculaire lisse (SMA, AbD serotec). La révélation de l'anticorps anti-CD31 est réalisée par un anticorps secondaire Alexa 555, et celle de l'actine musculaire lisse par l'Alexa 488 ; les noyaux des cellules sont révélés par une solution de 1 mg/ml de DAPI (Sigma-Aldrich) (**Figure 49 (page 146)**).

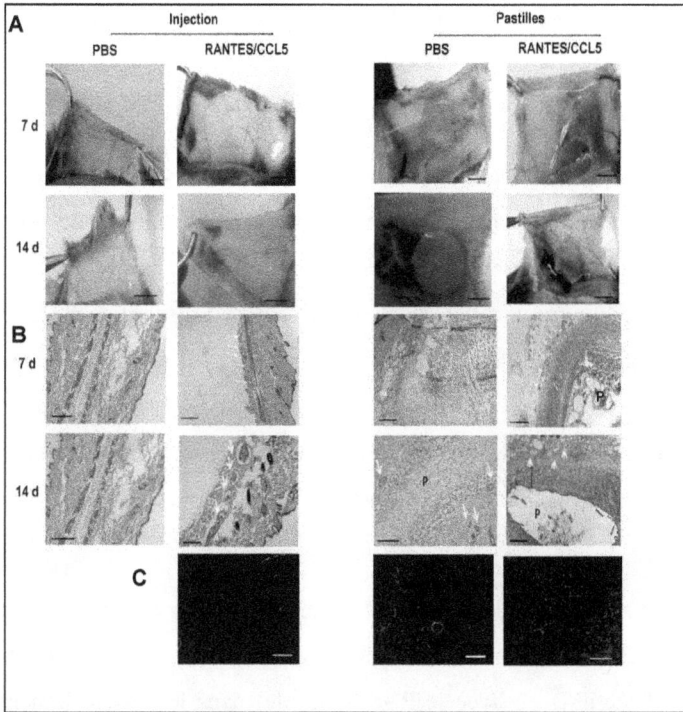

Figure 49 : *Implantation en sous-cutané des pastilles de pullulane/dextrane. (A) Chez la souris, 7 jours et 14 jours après une injection en sous-cutané d'une solution de PBS ou de RANTES/CCL5 (10 nM) et une implantation en sous-cutané de la pastille seule ou associée à RANTES/CCL5 (10 nM), la pastille et l'environnement tissulaire sont mis en paraffine. Bar=4 mm. (B) Coloration histologique à l'éosine et à l'hématoxyline de coupes de 7 μm des pastilles et de l'environnement tissulaire prélevés à J7 et J14. Bar=50μm. (C) Immuno-histochimie des coupes de pastilles et de l'environnement tissulaire. Marquage des cellules endothéliales par un anticorps spécifique du CD31+ (rouge), des cellules musculaires lisses par un anticorps anti-actine du muscle et des noyaux cellulaire au DAPI (bleu). Bar=50 μm.*

REVASCULARISATION DU MUSCLE ISCHEMIÉ DE LA PATTE DE SOURIS.

L'ischémie des pattes inférieures de souris Balb/C blanches mâles est obtenue par la ligature de l'artère *Profunda femoris*. Soixante souris ligaturées ont subi une injection dans le muscle arrière de 600 µg (15 µg/µl) de billes associée au PBS (contrôle). La patte des souris ischémiée présente une claudication jusqu'au 11ème jour. Le sacrifice à J1, J5, J11 et J15 démontre que la patte des souris n'est plus vascularisée ; sa couleur, sa symétrie et son volume en témoignent jusqu'au 11ème jour, les coussinets disparaissant à partir du 1er jour. L'histologie des coupes colorées à l'éosine et hématoxyline, montre un infiltrat de cellules leucocytaire à partir du 5ème jour.

A partir de ces résultats, nous avons injecté 600 µg de billes incubées avec RANTES/CCL5 biotinylé (10 nM) avec RANTES/CCL5 (10 nM), avec le VEGF (2 nM) ou avec le PBS (contrôle) dans le muscle ischémié (n=5 souris par condition). RANTES/CCL5 couplé à la biotine et délivré par les billes, est révélé par une avidine couplée à la FITC. Nous démontrons que RANTES/CCL5 est présent dans le muscle de la souris du 5ème jour au 10ème jour d'implantation (**Figure 50 A (page 150)**). L'effet angiogénique de RANTES/CCL5 est analysé au 10ème jour d'implantation du biomatériau. Des coupes de 7 µm sont colorées à l'éosine et hématoxyline.

Suite aux différents traitements nous observons que les vaisseaux sont présents en périphérie du biomatériau. Les vaisseaux formés sont de tailles variées, fins et présentent des contours réguliers suite à l'injection intramusculaire de 10 nM de RANTES/CCL5 ou de billes associées à RANTES/CCL5. Cependant, les vaisseaux apparaissant suite à l'injection de billes associées à RANTES/CCL5 présentent des globules rouges dans la lumière du vaisseau, contrairement aux vaisseaux formés en présence de RANTES/CCL5 seul ce qui atteste de leur fonctionnalité (**Figure 50 B,C (page 150)**). Les vaisseaux formés suite à l'injection intramusculaire de PBS ou de PBS associé aux billes, sont gros, grand peu nombreux avec des contours irréguliers, à l'inverse de ceux formés par injection intramusculaire de VEGF ou suite à l'injection de billes associées au VEGF, qui sont de taille moyenne, fins et allongés à contours réguliers (**Figure 50 B,C (page 150)**).

Après quantification du nombre de vaisseaux, nous observons trois fois plus de vaisseaux formés suite à l'injection de billes associées au VEGF par rapport aux billes associées PBS (36±2 *versus* 12±3, *, $P < 0.05$) et 2.5 fois plus de vaisseaux formés en présence des billes-RANTES/CCL5 par rapport aux billes associées au PBS (28±4 *versus* 12±3, *, $P < 0.05$). L'injection intramusculaire du VEGF induit le même nombre de vaisseaux formés par rapport à l'injection du PBS (12±3.3 *versus* 12±4.1) alors que RANTES/CCL5 induit 2 fois plus de vaisseaux formés par rapport au PBS injecté (24±8 *versus* 12±3.3, *, $P < 0.05$). Cependant, les billes-associées à RANTES/CCL5 induisent 1.5 fois plus de vaisseaux formés par rapport à l'injection de RANTES/CCL5 (28±8 *versus* 24±8). De plus l'aire et la longueur des vaisseaux formés induits par billes associées à RANTE/CCL5 sont 2.5 fois plus petits que ceux formés par billes associées au PBS (2438±51 µm², 49±6 µm *versus* 5794±102 µm², 123±23 µm, respectivement, *, $P < 0.05$). L'aire des vaisseaux formés par les billes associées au VEGF est 4 fois plus petits que l'aire des vaisseaux formés par les billes associées au PBS (1351±32 µm² *versus* 5794±102 µm², *, $P <$

0.05) et la longueur de ces vaisseaux est 2 fois plus petites (53±13 μm *versus* 123±23 μm, respectivement, *, $P < 0.05$).

Le marquage des cellules endothéliales par un anticorps anti-CD31 (PECAM-1, Abcam) confirme la présence de vaisseaux (**Figure 50 D, panel du haut (page 150)**) et les cellules ayant infiltré le tissu sont marquées par un anticorps anti-monocytes/macrophages (MOMA-2, Abcam) et révélés par un anticorps secondaire biotinylé IgG et 3,3'-Diaminobenzidine (DAB, DAKO) et contre-coloré à l'hémalun. Nous remarquons que la présence de RANTES/CCL5 augmente l'infiltration leucocytaire par rapport au contrôle (**Figure 50 D, panel du bas (pages 150)**).

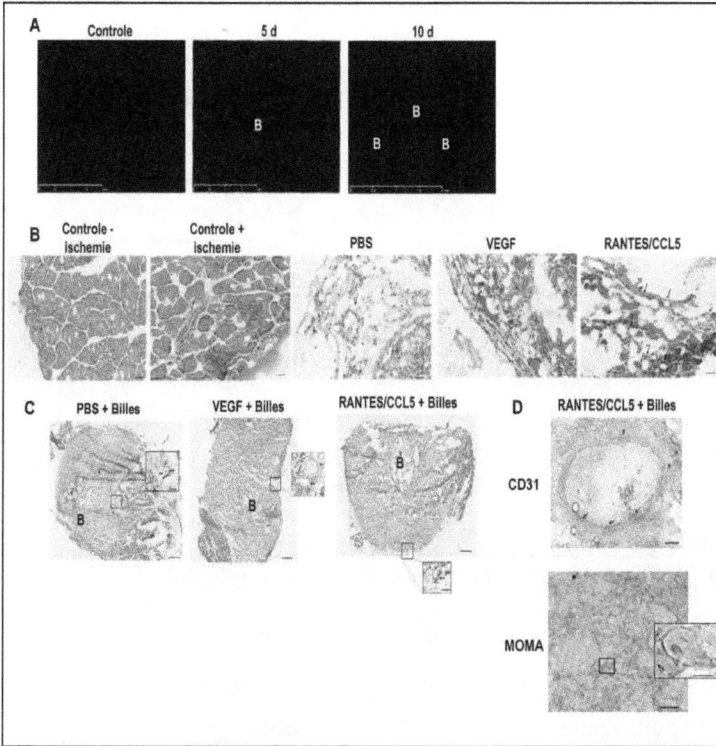

Figure 50 : _Implantation dans le muscle ischémié de patte de souris de billes de pullulane/dextrane associées à RANTES/CCL5._ _(A) Implantation de billes incubées avec 10 nM de RANTES/CCL5 associé à une biotine et révélée par une avidine couplée au FITC durant 5 et 10 jours. Bar=50µm. (B,C) Histologie après coloration à l'éosine et hématoxyline de coupes de 7 µm de muscles de souris après injection (B) d'une solution de PBS, VEGF (2 nM) et de RANTES/CCL5 (10 nM. bar=25 µm ; ou après implantation (C) de 600 µg de billes associées au PBS, VEGF (2nM) ou RANTES/CCL5 (10 nM). Bar=500µm. Bar zoom=50µm (D) Immuno-histochimie des coupes de muscles. Marquage des cellules endothéliales par un anticorps spécifique du CD31 et des monocytes-macrophages par un anticorps spécifiques (MOMA-2) révélés par un anticorps secondaire biotinylé IgG et 3,3'-Diaminobenzidine (DAB) et contre-coloré à l'hémalun. Bar=25 µm. Bar Zoom=15µm._

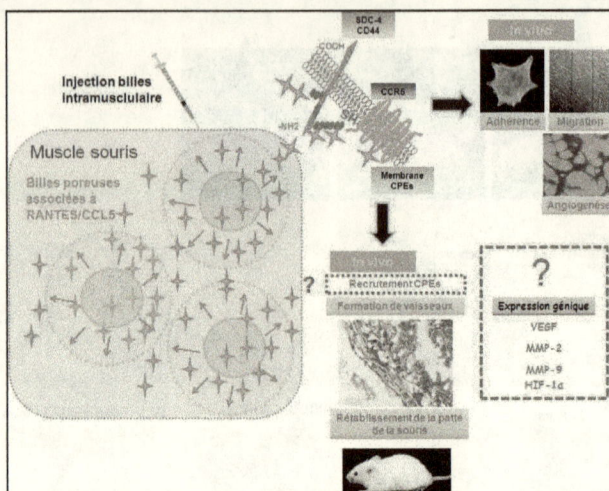

Figure 51 : *Résumé de l'étude sur l'effet angiogénique de RANTES/CCL5 associé au biomatériau biodégradable.*

Afin de confirmer l'effet chimiotactique de RANTES/CCL5 sur les CPEs, l'utilisation de CPEs précoces pourrait être envisagée. Une ischémie suivie d'une implantation de RANTES/CCL5 associé ou non au biomatériau pourrait être suivie d'une injection de cellules CPEs. Pour cela, nous envisageons le marquage spécifique des CPEs avant injection soit avec une sonde fluorescente soit à l'aide de nanoparticules magnétiques afin de les repérer après leur migration sur le site lésé où elles devraient perdre leur phénotype progéniteurs dû à la différenciation après adhérence. L'association de RANTES/CCL5 à un biomatériau envisage une application thérapeutique. Ce concept couplant la délivrance locale et prolongée de RANTES/CCL5 à l'aide d'un biomatériau polysaccharidique associée à une injection de CPEs préalablement marquées dans un modèle d'ischémie de la patte de souris, nous permettrait de mieux évaluer l'implication des CPEs dans la revascularisation induite par

RANTES/CCL5. Cela pourrait ouvrir la voie à de nouvelles stratégies thérapeutiques.

IV- Discussion

-

Perspectives

IV- Discussion - Perspectives

L'endothélium est le principal acteur dans la formation des néo-vaisseaux. Les cellules endothéliales sont quiescentes et peu prolifératives. Leur rôle de barrière maintien l'intégrité de la circulation sanguine dans l'organisme. La vascularisation physiologique chez l'adulte est donc constituée d'un réseau (artériel, capillaire ou veineux) fonctionnel, mature, imperméable et stable. Chez l'adulte, les nouveaux vaisseaux sont formés à partir de ceux préexistant : L'angiogenèse est un phénomène rare, impliquée dans le maintien de l'homéostasie et le cycle ovarien. Associée à une inflammation, l'angiogenèse est aussi impliquée dans la cicatrisation, le développement de maladies chroniques inflammatoires et dans la progression de cancers. En 1971, l'équipe de J. Folkman a démontré pour la première fois que l'angiogenèse est un processus indispensable à la survie et au développement de tumeurs (Folkman 1971, 2006). Les maladies inflammatoires proviennent d'un désordre physiologique causé par divers facteurs, notamment un changement de pression du flux sanguin, une inflammation ou une infection par un corps étrangé. Ces stimuli engendrent un appauvrissement en oxygène (hypoxie) et en nutriments qui seraient responsables de la formation de nouveaux vaisseaux, à partir de cellules endothéliales activées.

Les cellules endothéliales activées stimulent la principale voie de signalisation, NFkB, responsable de l'expression génique de médiateurs inflammatoires (protéases, cytokines et chimiokines) (Sethi et al. 2012). Ces médiateurs sont impliqués dans l'angiogenèse en modulant la migration et la prolifération des cellules endothéliales. Parmi ces médiateurs, des chimiokines possèdent des propriétés angiogéniques (Keeley et al. 2008). En effet, les chimiokines angiogéniques SDF-1/CXCL12 et MCP-1/CCL2 ont été démontrées pour être impliquées dans la progression et la gravité de nombreuses pathologies, en particulier inflammatoires. Par exemple, dans l'inflammation liée au développement des cancers, elles induisent l'invasion tumorale. Pour cela, elles participent à la formation de nouveaux vaisseaux en stimulant la migration et la prolifération de cellules endothéliales (Keeley et al. 2008). Elles peuvent recruter des cellules circulantes angiogéniques comme des progéniteurs endothéliaux (CPE) ou des leucocytes, qui activés, sécrètent des facteurs angiogéniques (VEGF) (Salcedo et al. 1999, Verratti et al. 2008, Zemani et al. 2008).

Des publications démontrent que RANTES/CCL5 a des effets angiogéniques dans le développement et la progression tumorale ainsi qu'au cours de la dissémination de métastases (Soria and Ben-Baruch 2008). En effet, RANTES/CCL5 est sécrétée par les cellules cancéreuses (cancer du sein (IBC, inflammatory breast cancer), carcinome hépatocellulaire (CHC)) (Soria and Ben-Baruch 2008, Sutton et al. 2007a, Sutton et al. 2007b).

La sécrétion de RANTES/CCL5, entre autres, par des cellules tumorales, est responsable du recrutement des monocytes dans les tumeurs. Une différenciation des monocytes en macrophages associés aux tumeurs (TAMs) enrichit le stroma des tumeurs, composé essentiellement de cellules mésenchymateuses et de (myo)-fibroblastes. Les TAMs activés, sécrètent des facteurs solubles impliqués dans la croissance tumorale (cytokines ; chimiokines), des protéases (MMP-2, MMP-9) responsables de la dégradation de la matrice extracellulaire et des facteurs angiogéniques

(FGF-b, VEGF) impliqués dans la survie tumorale, en formant de nouveaux vaisseaux (Ben-Baruch 2003, 2006). Les TAMs activés sécrètent également RANTES/CCL5 qui interagit de manière autocrine avec ses récepteurs, formant ainsi une boucle de régulation (Soria and Ben-Baruch 2008).

Outre le rôle indirect de RANTES/CCL5 dans l'angiogenèse via le recrutement de monocytes, RANTES/CCL5 sécrétée par les TAMs interagit aussi de manière paracrine avec ses récepteurs présents à la surface des cellules environnantes. Par exemple, les cellules endothéliales activées par RANTES/CCL5, prolifèrent, migrent et forment des vaisseaux vascularisant ainsi la tumeur (Adler et al. 2003).

Cependant, peu de publications témoignent de l'effet angiogénique de RANTES/CCL5, hormis celles associée aux tumeurs. La description de l'effet angiogénique de RANTES/CCL5 associée à une inflammation est contradictoire dans la littérature. Lors d'une inflammation tissulaire, une des fonctions majeures de RANTES/CCL5 est le recrutement de cellules immunes. De ce fait, elle est impliquée dans la progression de pathologies chroniques inflammatoires (Weber 2005). Par exemple, l'athérosclérose est définie par la formation d'une plaque d'athérome (Celletti et al. 2001). Dans les phases précoces de l'athérosclérose, RANTES/CCL5 sécrétée par les plaquettes est déposée sur l'endothélium et recrute ainsi des leucocytes (monocytes, cellules T) (Schober et al. 2002). En phase tardive, la formation de néo-vaisseaux dans la média de l'artère déstabilise la plaque d'athérome responsable des obstructions artérielles. L'angiogenèse impliquée dans cette pathologie inflammatoire serait médiée par le double rôle des chimiokines : 1- elles induisent le recrutement de leucocytes, capables de sécréter des facteurs angiogéniques ; et 2- elles stimulent les cellules endothéliales pour former des vaisseaux (Koenen et al. 2009).

Dans la cicatrisation du derme et dans la néo-vascularisation de la cornée, il a uniquement été démontré le rôle direct de RANTES/CCL5 dans la stimulation de la formation de néo-vaisseaux, à travers l'activation de la migration et de la prolifération des cellules endothéliales. Récemment, RANTES/CCL5 a été décrite dans le recrutement de cellules progénitrices endothéliales (CPE) provenant de la moelle osseuse. Ces cellules CD34+, expriment le récepteur CCR5 à leur surface, de cette manière elles sont attirées par RANTES/CCL5 sur le site lésé où elles sont immobilisées. Ces cellules migrent et prolifèrent pour former des néo-vaisseaux (Ishida et al. 2012). L'addition d'une méthionine (Met) dans le domaine N-terminal de la séquence peptidique de RANTES/CCL5, est responsable de son incapacité à se lier aux RCPGs (Proudfoot et al. 1996). L'injection intrapéritonéale de Met-RANTES/CCL5, dans un modèle d'ischémie de patte de rat, aboutit à une absence de néo-angiogenèse (Westerweel et al. 2008). Westerweel et al. émet l'hypothèse que RANTES/CCL5 induit une néo-angiogenèse à travers le recrutement de cellules endothéliales progénitrices (CPEs) dans le muscle ischémié (Westerweel et al. 2008). Ainsi, outre le rôle angiogénique de RANTES/CCL5 à travers le recrutement de leucocytes, de l'activation de cellules endothéliales, RANTES/CCL5 présenterait un troisième mécanisme d'angiogenèse, à travers sa capacité à recruter des CPEs.

Toutefois, une étude présente l'effet inverse de RANTES/CCL5 dans l'angiogenèse. Barcelos et al., démontre chez la souris, que RANTES/CCL5 associé a un biomatériau composé de polyether polyuréthane implanté dans la zone dorsale de l'animal, module négativement la formation de nouveaux vaisseaux autour du biomatériau. L'utilisation de Met-RANTES/CCL5 démontre que cette modulation négative serait médiée par les récepteurs de RANTES/CCL5. Des souris déficientes en $ccr5^{-/-}$ confirment l'implication du récepteur CCR5 dans l'effet angiostatique de RANTES/CCL5 (Barcelos et al. 2009).

L'étude que nous avons menée porte sur le rôle de RANTES/CCL5 dans l'angiogenèse. Nous avons stimulé une lignée de cellules endothéliales humaines provenant de cordon ombilical (HUV-EC-Cs) par une concentration physiologique de RANTES/CCL5 (3nM). Les HUV-EC-Cs activées par RANTES/CCL5 s'étalent, migrent et forment des tubes vasculaires (*Publication, Figure 3*). L'implantation chez le rat en sous-cutané d'un biomatériau composé de fibres de nitrocellulose préalablement incubé avec RANTES/CCL5 aboutit à la formation de vaisseaux autour du biomatériau et confirme le rôle angiogénique de RANTES/CCL5.

L'interaction de RANTES/CCL5 avec ses RCPGs est indispensable pour induire des effets biologiques. Par exemple, dans les maladies cardiovasculaires liées à une obstruction artérielle, le récepteur CCR1 est présent à la surface des cellules circulantes angiogéniques (Verratti et al.). Ces cellules sont recrutées par chimiotaxie dans le cœur appauvri en oxygène (ischémie). Une inhibition de CCR1 diminue partiellement le recrutement et la mobilisation des cellules circulantes angiogéniques et abolit la formation des vaisseaux sanguins autour du Matrigel®, préalablement injecté en sous-cutané chez la souris (Bousquenaud et al. 2012). De plus, dans le modèle d'ischémie de pattes de souris, Westerweel et al., démontre l'effet de RANTES/CCL5 médié par ses RCPGs dans l'angiogenèse. Cette étude est confirmée par l'équipe de Ambati et al. (Ambati et al. 2003), démontrant qu'une liaison de RANTES/CCL5 à son récepteur CCR5 est indispensable dans la formation d'une néo-vascularisation de la cornée, chez la souris. Ces études démontrent l'implication des RCPGs spécifiques de RANTES/CCL5 dans l'angiogenèse.

Dans notre étude, les effets angiogéniques de RANTES/CCL5 sont médiés à travers la liaison de RANTES/CCL5 à ses RCPGs CCR1 et CCR5 exprimés à la membrane des cellules HUV-EC-Cs (Publication, Figure 2 et 3) et présents également, à la surface des vaisseaux néoformés (Publication, Figure 1 et 2). Nous supposons que l'effet angiogénique de RANTES/CCL5 présent dans la formation de néo-vaisseaux autour du biomatériau serait dû : D'une part, au recrutement, à l'étalement et à la migration induite par RANTES/CCL5 des cellules circulantes présentant les RCPGs spécifiques de la chimiokine, telles que des cellules progénitrices endothéliales (CPEs) car ce sont les seules cellules circulantes capables de former des vaisseaux ; mais aussi à l'interaction de RANTES/CCL5 avec ses RCPGs présents à la surface des cellules endothéliales, induisant la migration et la formation de tubes vasculaires.

La migration des cellules est un des effets indispensables qui précède la formation de réseaux vasculaires. Le phénomène migratoire des cellules endothéliales est activé à travers des voies de signalisation induites majoritairement par des récepteurs. En fonction des chimiokines, différentes voies de signalisation sont impliquées dans la migration des cellules endothéliales, à travers l'activation de leurs récepteurs. Il a été démontré que la migration de deux lignées de cellules endothéliales : HUVEC et HMVEC (human microvascular endothelial cell), induitent par la fractalkine/CX3CL1 dépend des voies MAPK, JNK et ERK1/2 alors que seules les voies JNK et ERK/2 semblent être impliquées dans la formation de réseaux vasculaires des HUVEC et HMVEC induite par la chimiokine (Volin et al. 2010). Au contraire, le récepteur CXCR2 présent à la membrane des HUVECs, activé par IL-8/CXCL8 induit la migration et la formation de tubes par l'induction de la voie $PLC\beta_2/Ca^{2+}$. Une neutralisation des voies PI3K et MAPK ne module ni la formation de réseaux vasculaires ni la migration des HUVECs (Lin et al. 2010).

Nous avons étudié les voies intracellulaires induites par RANTES/CCL5, impliquées dans la migration des HUV-EC-Cs. L'interaction de RANTES/CCL5 à ses RCPGs semblent activer les voies JNK/SAPK et ERK1/2 MAPK, ainsi que des protéines kinases (résultats complémentaires, **Figure 38** et **Figure 39 page 123,125**).

Le rôle de RANTES/CCL5 a été démontré dans l'activation de la focal adhesion kinase (FAK), protéine cytoplasmique impliquée dans les contacts focaux et l'adhérence cellulaire, sur une lignée de cellules d'hépatocarcinome (Belvitch and Dudek 2012). Cette protéine kinase est surexprimée dans une lignée HUVEC activée par le VEGF (Cabrita et al. 2011). Le rôle de RANTES/CCL5 a également été démontré dans l'adhérence des cellules HUVECs à travers la surexpression de la protéine d'adhésion ICAM (Abbate et al. 1999). Cependant, aucune donnée sur l'expression de la protéine FAK induite par RANTES/CCL5 n'est répertoriée. Afin de mieux appréhender le rôle de RANTES/CCL5 dans l'adhérence cellulaire, il serait intéressant d'étudier la modulation de l'expression des protéines d'adhérence dans les HUV-EC-Cs. Pour cela, l'étude de la surexpression de la protéine FAK dans la lignée de cellules HUV-EC-Cs stimulée par RANTES/CCL5 serait une première approche. Une seconde approche serait d'inhiber l'expression de FAK par l'utilisation d'anticorps neutralisants dirigés contre FAK afin de moduler l'effet induit par RANTES/CCL5 (Infusino and Jacobson 2012). D'autre part, les voies de signalisation induites par RANTES/CCL5 et impliquées dans la formation de réseaux vasculaires pourraient être étudiées par une approche méthodologique utilisant des inhibiteurs pharmacologiques.

L'interaction des chimiokines avec leurs récepteurs active des facteurs de transcription responsable de l'expression de protéases. Les protéases sont indispensables pour dégrader la matrice extracellulaire permettant ainsi la migration cellulaire. Parmi les protéases, les MMPs sont connues pour dégrader des composants de la matrice extracellulaire ce qui permet l'expansion des filopodes et des lamellipodes cellulaires acteurs principaux de la migration cellulaire (Ibrahim et al. 2012). Les métalloprotéases matricielles MMP-2 (gélatinase A) et MMP-9 (gélatinase B) sont les principales protéases surexprimées dans des conditions angiogéniques (Heissig et al. 2002, Li X. et al. 2012b). La MMP-9 et la MMP-2 sont sécrétées sous une pro-forme dans la matrice extracellulaire. La pro-MMP-9 est activée par d'autres MMPs (-1, -2, -3 et -7), la plasmine, l'élastase et d'autres facteurs (Bauvois 2012). La pro-MMP-2 est uniquement activée à la surface cellulaire par la métalloprotéase membraneaire de type-1 (MT1-MMP) (Nishida et al. 2008). Les MMPs sous forme actives clivent le collagène, la fibronectine, la laminine et les protéoglycannes (PGs), permettant la migration cellulaire (Jacob 2003). Par exemple, les MMP-2, MMP-9 et l'héparanase clivent la partie extracellulaire des PGs de types HS : SDC-1 et SDC-4 par un processus dénommé « shedding » (Slimani et al. 2003b).

L'interaction de RANTES/CCL5 avec CCR5, présent à la surface de lignées de carcinome hépatocellulaire humain induit l'expression de la métalloprotéase MMP-9 à travers l'activation des voies NFkB, PCKδ et PLC. Cette protéase participe à la migration et l'invasion des cellules cancéreuses (Chuang et al. 2009). Dans différents types cellulaires, tels que les cardiomyocytes et des cellules cancéreuses coliques, RANTES/CCL5 induit après liaison à ses RCPGs CCR1 ou CCR5, une surexpression des MMP-2 et MMP-9 impliquées dans le remodelage tissulaire (Dobaczewski et al. 2010, Kitamura et al. 2010).

Dans notre étude, nous observons que les HUV-EC-Cs stimulées par RANTES/CCL5 sécrètent les pro-formes pro-MMP-2 et pro-MMP-9 (Publication, Figure 4). Néanmoins, dans le surnageant des biomatériaux en présence de RANTES/CCL5, la pro-MMP-2 ne semble pas être exprimée au $25^{\text{ème}}$ jour d'implantation, contrairement à la pro-MMP-9. Ces données n'excluent pas un rôle de la MMP-2 dans la phase précoce de l'angiogenèse contrairement à la MMP-9 présente en phase tardive et connue pour être impliquée dans le remodelage tissulaire (Busti et al. 2010, John and Tuszynski 2001). L'implication des MMP-2 et -9 dans la migration, l'étalement et la formation de réseaux vasculaires des HUV-EC-Cs induits par RANTES/CCL5 est mise en évidence *in vitro* par l'utilisation d'anticorps neutralisants spécifiques de la MMP-2 et MMP-9. La protéase MMP-9 semble être impliquée de manière plus importante par rapport à la MMP-2 dans l'étalement et la formation de réseaux vasculaires. De manière opposée à la MMP-9, la MMP-2 ne semble pas être impliquée dans la migration des HUV-EC-Cs (Publication, Figure 4). Afin de déterminer le rôle de la MMP-2, il serait pertinent d'observer l'expression de la MMP-2 dans le surnageant des biomatériaux associé à RANTES/CCL5, dans les phases précoces de l'inflammation associée à l'angiogenèse. En effet dans des tumeurs en hypoxie, l'activation du facteur hypoxia inflammatory factor (HIF-α) induit la surexpression de la MMP-2, impliquée dans l'angiogenèse formée de manière précoce dans les cancers (Li X. et al. 2012b). D'autre part, l'activation de la MMP-2 nécessite la présence de la MT1-MMP. Il serait donc pertinent d'étudier son expression dans la lignée de cellules HUV-EC-Cs induite par RANTES/CCL5 et dans le surnageant du biomatériau et du tissu environnant (Nishida et al. 2008).

La formation de néo-vaisseaux implique des facteurs protéiques solubles angiogéniques. Parmi ces facteurs, le VEGF est connu pour être le principal facteur impliqué (Li X. et al. 2012b). Comme les chimiokines SDF-1/CXCL12 et MCP-1/CCL2, il a été mis en évidence que RANTES/CCL5 module l'expression protéique du VEGF, à travers son récepteur CCR5 (Ambati et al. 2003, Bhardwaj et al. 2011, Ishida et al. 2012, Liu G. et al. 2011). Une récente étude chez la souris, a démontré que RANTES/CCL5 active les voies de signalisation JAK/STAT, MAPK et PI3K, impliquées dans la sécrétion des facteurs angiogéniques VEGF, granulocyte-macrophage colony-stimulating factor (GM-CSF) et PDGF-B. Ces facteurs sont indispensables dans la formation de vaisseaux et dans leur maturité (Ishida et al. 2012). Dans notre étude, nous démontrons que RANTES/CCL5 incubée 24 heures avec les HUV-EC-Cs induit la sécrétion du facteur angiogénique VEGF dans le surnageant de culture des HUV-EC-Cs et dans celui du biomatériau incubé avec RANTES/CCL5 (Publication, Figure 4). Cette sécrétion est médiée par l'activation des récepteurs CCR1 et de manière moindre CCR5. La neutralisation des récepteurs du VEGF affecte la formation de réseaux vasculaires, stimulée par RANTES/CCL5, mais n'interfère ni avec l'étalement ni avec la migration de ces cellules, induits par RANTES/CCL5. Dans le but d'abolir la formation de vaisseaux, une inhibition par des anticorps neutralisants, à la fois de RANTES/CCL5 et de VEGF pourraient être un axe à envisager dans le but de restreindre la formation de vaisseaux. Au contraire, l'association de RANTES/CCL5 et du VEGF pourrait être un axe permettant d'induire la formation de vaisseaux de manière synergique.

Les facteurs angiogéniques induisent la formation de vaisseaux à travers leur interaction avec leur récepteur à activité tyrosine kinase et avec des co-récepteurs. La formation des vaisseaux implique les co-récepteurs : les chaînes GAGs, majoritairement de type HS (Zhao et al. 2012). Folkman J. en 1983 démontre le rôle dans l'angiogenèse d'un des composés des chaînes GAGs sulfatés : l'héparine (Folkman et al. 1983). L'héparine est un polysaccharide sulfaté ayant une structure proche des chaînes héparane sulfate. Les chaînes GAGs interagissent avec des facteurs angiogéniques solubles (VEGF) présents dans la matrice extracellulaire jouant ainsi le rôle de co-récepteur (Iozzo and Sanderson 2011, Raman K. et al. 2011, Slimani et al. 2003a).

Les chaînes GAGs interagissent aussi avec les chimiokines. Ils les protègent de la dégradation, les concentrent et les présentent à leurs récepteurs. De plus, l'interaction des chaînes GAGs de type HS avec les chimiokines est connue pour induire l'oligomérisation des chimiokines (Proudfoot et al. 2003b). L'interaction de RANTES/CCL5 aux chaînes GAGs lui confère une structure multimérique indispensable pour ses fonctions biologiques. L'oligomérisation de RANTES/CCL5 est médiée par une liaison hydrogène établie entre une Thréonine en position 7 du domaine N-terminal de RANTES/CCL5 et le feuillet-β d'un second RANTES/CCL5 (Proudfoot et al. 1996) **Figure 52 (page 165)**.

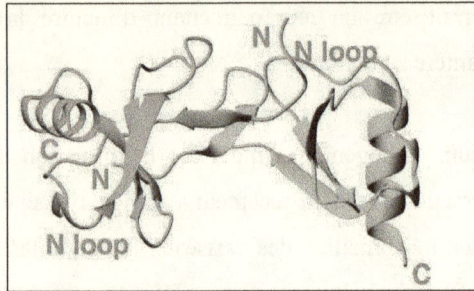

Figure 52 : *Représentation d'un dimère de RANTES/CCL5 (Duma et al. 2007)*

La migration et l'invasion de carcinome hépatocellulaire induites par SDF-1/CXCL12 et RANTES/CCL5 dépendent de la liaison des chimiokines avec les chaînes GAGs de type HS (Friand et al. 2009, Sutton et al. 2007a). Chez la souris, l'implantation en sous-cutané d'un biomatériau composé d'hydrogel et d'héparine préalablement incubée avec la chimiokine SDF-1/CXCL12 induit le recrutement de cellules circulantes pro-angiogéniques (CPEs) (Prokoph et al. 2012). Cependant, peu de données ont démontré le rôle de l'interaction des chaînes GAGs avec la chimiokine RANTES/CCL5 dans la formation de vaisseaux.

Afin de déterminer le rôle des chaînes GAGs dans les effets induits par RANTES/CCL5, nous avons traité les HUV-EC-Cs avec le β-D-xyloside, un inhibiteur compétitif du substrat de l'enzyme xylosyltransférase intervenant dans la biosynthèse des chaines GAGs. Les résultats montrent une abolition des effets biologiques induits par RANTES/CCL5 (Publication, Figure 6). L'incubation de RANTES/CCL5 avec l'héparine de bas poids moléculaire (8000 kDa) présente des effets semblables à ceux de l'inhibiteur β-D-xyloside (Publication, Figure 6). Ainsi, la liaison de RANTES/CCL5 aux chaînes GAGs est indispensable à ses effets biologiques (étalement, migration et formation de réseaux vasculaires).

Les chaînes GAGs portées par les PGs interagissent avec des chimiokines qui forment de cette manière une structure multimérique active (Proudfoot et al. 2003b). A la surface cellulaire, les PGs membranaires portent des chaînes GAGs de type HS et sont majoritairement présents. Ainsi, ces PGHS confèrent aux chimiokines la capacité de recruter les cellules circulantes et de présenter les chimiokines à leurs RCPGs (Proudfoot et al. 2003b). Il a été démontré que certains PGs (la Serglycine) sont impliqués dans la sécrétion de chimiokines par les cellules endothéliales HUVECs (Meen et al. 2011). De plus, l'interaction des chimiokines aux PGs diminue la concentration des chimiokines dans la matrice extracellulaire. En effet, l'enzyme héparanase dénude les PGs, en clivant les chaînes GAGs de type HS, ce qui diminue la liaison de RANTES/CCL5 aux cellules de 10 à 40 % (Kuschert et al. 1999).

Parmi les PGHS, les syndécannes sont impliqués dans la réparation tissulaire, l'inflammation et l'angiogenèse (Alexopoulou et al. 2007). Parmi eux, les syndécanne-1 (SDC-1) et syndécanne-4 (SDC-4) sont retrouvés à la surface des cellules endothéliales. Le SDC-1 a été étudié dans l'angiogenèse associée à l'inflammation. Par exemple, l'interaction entre les leucocytes et les cellules endothéliales est médiée par le SDC-1 et induit une angiogenèse oculaire (Gotte et al. 2002). Le SDC-4 est un corécepteur des facteurs angiogéniques VEGF et FGF-2. Ce dernier présente ces facteurs à leurs récepteurs respectifs l'impliquant ainsi dans les effets biologiques liés à l'angiogenèse (Jang et al. 2012).

L'utilisation d'anticorps nous a permis de déterminer la présence des PGHS SDC-1, SDC-4 et CD44 à la surface des HUV-EC-Cs (Publication, Figure 5). La neutralisation de ces PGHS a mis en évidence l'implication de ces derniers dans l'étalement, la migration et la formation de réseaux vasculaires des HUV-EC-Cs induits par RANTES/CCL5, excepté pour le CD44 qui semble être impliqué uniquement dans la migration et la formation de réseaux vasculaires de ces cellules (Publication Figure 6) (Shay et al. 2011). Le CD44 pourrait induire l'étalement cellulaire uniquement en présence de son ligand, l'acide hyaluronique (AH). Il a été démontré dans des cellules tumorales du gliome que l'interaction de l'AH avec le CD44 induit l'étalement cellulaire à travers la PKCδ (Lamontagne and Grandbois 2008). D'autre part, le CD44 porte en plus des chaînes HS, des chaînes CS. Ces chaînes peuvent interagir avec des facteurs autres que RANTES/CCL5 dont l'affinité est plus importante que celle de l'interaction de RANTES/CCL5 aux chaînes HS, expliquant ainsi l'absence d'étalement induit par RANTES/CCL5. En effet, le rôle du CD44 dans l'induction de la voie FAK, impliquée dans l'étalement des cellules endothéliales a été mis en évidence après stimulation de l'acide hyaluronique (Wang Y. Z. et al. 2011b).

Nous remarquons dans nos expériences que la neutralisation des RCPGs affecte davantage l'étalement et la formation de réseaux vasculaires des HUV-EC-Cs induits par RANTES/CCL5 que la neutralisation des PGHS. Ceci peut être expliqué par le fait que les chimiokines présentent une affinité d'interaction plus grande pour les RCPGs que pour les GAGs. Par exemple, RANTES/CCL5 a une forte affinité, avec une constante de 0.27 ± 0.17 nM K_d pour son récepteur CCR5 et présente une plus faible affinité (4.3 ± 1.45 nM K_d) pour l'héparine (Slimani et al. 2003a).

L'oligomérisation de RANTES/CCL5 est indispensable dans les fonctions de la chimiokine. De plus, nous avons pu constater que les effets biologiques induits par RANTES/CCL5 dépendent de son interaction avec les chaînes GAGs de type HS. Afin de moduler les effets biologiques de RANTES/CCL5, des mutants de RANTES/CCL5 ont été testées. Des études ont démontré qu'une mutation de RANTES/CCL5, dans la boucle

40s, au niveau des sites de liaisons aux chaînes GAGs, diminue l'activité fonctionnelle de la chimiokine. Le mutant [44AANA47]-RANTES/CCL5 n'a pas la capacité d'interagir avec les chaînes GAGs de type héparane sulfate. La substitution de l'acide aminé Glutamique (Glu, E) par une Alanine, en position 66, du mutant [E66A]-RANTES/CCL5 lui donne une forme dimérique, sans possibilité d'oligomérisation. Le mutant [Nme-7T]-RANTES, qui a subi une méthylation (-CH₃) de l'acide aminé thréonine (Thr, T) en position 7 du domaine N-terminal a une structure monomérique. Les mutants [E66A]-RANTES/CCL5 et [Nme-7T]-RANTES/CCL5 sont incapable de s'oligomériser (Proudfoot et al. 2001).

Le mutant [44AANA47]-RANTES conserve son affinité de liaison pour son CCR5 mais sa capacité à interagir avec CCR1 est diminuée. D'autre part dans des modèles *in vitro*, ce mutant conserve sa capacité à recruter des cellules circulantes, mais cette capacité est abolie dans un modèle *in vivo* chez la souris. L'interaction aux chaînes GAGs est donc primordiale pour le chimiotactisme cellulaire (Proudfoot et al. 2003b). Malgré l'incapacité à s'oligomériser, les mutants de RANTES/CCL5 : [E66A]-RANTES/CCL5 et [Nme-7T]-RANTES/CCL5 peuvent interagir avec les RCPGs et l'héparine *in vitro* et conservent leur capacité à induire une chimiotaxie *in vitro*. Cependant, dans un modèle de souris, ces mutants sont incapables de recruter les cellules circulantes (Proudfoot et al. 2003b).

Ainsi l'oligomérisation de RANTES/CCL5 semble être un pré-requis important pour l'activité de la chimiokine dans des conditions physiologiques.

Nous avons étudié l'étalement, la migration et la formation de réseaux vasculaires induits par deux mutants : $[^{44}AANA^{47}]$-RANTES/CCL5 et [E66A]-RANTES/CCL5. L'activité fonctionnelle de ces mutants de RANTES/CCL5 est diminuée dans la migration, l'étalement et la formation de réseaux vasculaires par les HUV-EC-Cs. De plus, chez le rat, une implantation en sous-cutané de biomatériau incubé avec ces deux types de RANTES/CCL5 invalidés entraîne la formation d'un faible nombre de vaisseaux autour des biomatériaux par rapport au contrôle (Publication, Figure 7). Ainsi l'oligomérisation de RANTES/CCL5 et la liaison aux chaînes GAGs semblent être des critères indispensables à l'activité angiogénique de la chimiokine.

L'ensemble de nos résultats démontrent que l'oligomérisation de RANTES/CCL5 est indispensable pour induire les effets biologiques impliqués dans l'angiogenèse. De cette manière RANTES/CCL5 stimule la formation de réseaux vasculaires ainsi que l'étalement et la migration des cellules endothéliales, médiés par CCR1 et CCR5 ainsi que ses corécepteurs : SDC-1, SDC-4 et CD44. La sécrétion des protéases MMP-2 et MMP-9 par les HUV-EC-Cs stimulées par RANTES/CCL5 est impliquée dans les effets angiogéniques induits par la chimiokine. Enfin, l'induction de la formation de réseaux vasculaires par RANTES/CCL5 implique les PGs qui permettraient de présenter RANTES/CCL5 à ses RCPGs et induiraient la sécrétion du VEGF et la formation de tubes vasculaires à travers l'axe VEGF/VEGFR-1/Flt et VEGF/VEGFR-2/KDR.

La démonstration des effets biologiques pro-angiogéniques de la chimiokine RANTES/CCL5 permet d'envisager différentes approches thérapeutiques pro- ou anti-angiogéniques. Dans des conditions d'hypoxie, induire la formation des vaisseaux est indispensable pour lutter contre les processus ischémiques. Les conditions d'hypoxie stimulent les cellules mononuclées et les cellules endothéliales. Les cellules endothéliales activées sur-expriment des facteurs angiogéniques (VEGF, SDF-1/CXCL12) impliqués dans le recrutement et la mobilisation de monocytes et de CPEs sur le site lésé. Les CPEs participent à la cicatrisation en acquérant un phénotype angiogénique leur permettant de former de nouveaux vaisseaux (Boisson-Vidal et al. 2007, Ishida et al. 2012). Les monocytes sortent de la circulation sanguine, pour s'extravaser au niveau du site inflammé. Cette extravasation est médiée d'une part, par l'environnement en O_2, d'autre part, par un gradient de facteurs chimioattractants (VEGF, Ang-2, SDF-1/CXCL12). La différenciation des monocytes, varient en fonction de l'environnement du site hypoxié. Les monocytes se différencient en macrophages ou en cellules dendritiques. Dans le cas de tumeurs, les monocytes se différencient en macrophages associés aux tumeurs (TAMs). Les monocytes, dans des conditions d'hypoxie (monocytes hypoxiques) sur-expriment les chimiokines angiogéniques, impliquées dans le recrutement des neutrophiles (IL-8/CXCL8 ; MIP-2α/CXCL2 ; ENA78/CXCL5) (Bosco et al. 2006). De plus, l'hypoxie régule l'expression de gènes codant pour des chimiokines, mais aussi pour des récepteurs constitutivement exprimés à la membrane des cellules. Cette régulation a pour but de contrôler la migration des monocytes, et l'expression des récepteurs impliqués dans leur recrutement, tels que les récepteurs des chimiokines CCR1, CCR2 et CCR5 ou de facteurs de croissance, VEGFR (Bosco et al. 2006).

La modulation de la transcription de gènes, impliquée dans l'inflammation et dans l'angiogenèse dépend donc de l'hypoxie. En effet, un appauvrissement en O_2 stimule des activateurs de la transcription, tels que HIF-1 (Hypoxia-inducible factor-1) ou NFκB (Nuclear Factor kappa-B). Le promoteur des facteurs de croissance (*vegf*) ou de chimiokines (*sdf1/cxcl12*), possède un site de liaison au facteur HIF-1.

La première protéine angiogénique approuvé par le comité FDA (US Food and Drug Administration) pour être une cible thérapeutique, est le facteur de croissance VEGF. Récemment, d'autres facteurs de croissance font l'intérêt de cibles thérapeutiques tels que le FGF, le PDGF ainsi que leurs récepteurs. La particularité commune de ces trois protéines, est la structure du domaine intracellulaire de leurs récepteurs qui est composé d'une activité tyrosine kinase. Cette activité tyrosine kinase stimule des cascades de signalisation induisant des effets biologiques impliqués dans l'évolution de pathologies. De par leur rôle et leur nature, ils font l'objet de nombreuses thérapies. Cependant, de nombreuses approches thérapeutiques basées sur l'injection du VEGF ont été testées chez l'homme (VIVA®) et ont démontré peu d'efficacité sur le long terme. Une des causes serait la durée de demi-vie du VEGF exogène qui est de 30 minutes, mais aussi en raison de son action, des effets secondaires ont été répertoriés.

Une nouvelle approche thérapeutique pourrait être d'utiliser le rôle de chimiotaxie et de l'inflammation liée aux chimiokines. Une première étude sur la chimiokine SDF-1/CXCL12 a été démontrée dans le recrutement de cellules endothéliales progénitrices (CPEs) et de progéniteurs des cellules musculaires lisses. Comme la majorité des protéines, SDF-1/CXCL12 est sensible aux protéases. Pour cela, un variant de SDF-1/CXCL12 : Le SSDF-1 (S4V) a été délété au niveau de son site de liaison aux protéases le rendant ainsi résistant. Ce variant conserve toutes les caractéristiques du SDF-1/CXCL12 sauvage. Une nouvelle approche est actuellement en développement sur des modèles d'animaux. Les premiers résultats démontrent que ce variant recrute et mobilise les CPEs de manière plus efficace que la thérapie génique ou que l'injection de CPEs (Ho Y. C. et al. 2009). Cependant, cette approche pourrait être limitée par la faible présence des CPEs dans la circulation et par la difficulté de cibler les chimiokines.

Les chimiokines ont également une durée de demi-vie variable. Elle est fonction de l'affinité de la chimiokine pour son récepteur (ou corécepteur), de la quantité des récepteurs et corécepteurs présents à la surface des cellules et d'une dégradation possible dans la matrice extracellulaire. En ce qui concerne la chimiokine RANTES/CCL5, son interaction avec ses récepteurs spécifiques et les chaînes GAGs de type HS, diminue de moitié la présence de RANTES/CCL5 à la surface de l'endothélium en 27 minutes. Dans l'heure, il resterait moins de 10 % de RANTES/CCL5 à la surface endothéliale. Cette diminution de la présence de RANTES/CCL5 est due à une endocytose, médiée par ses récepteurs spécifiques ou non spécifiques (DARC) (Kuschert et al. 1999). De plus, dans les phases précoces de l'ischémie, RANTES/CCL5 semble être présente dans les 24 heures qui suivent la lésion et absente dans les 72 heures (Sun et al. 2005). Nous émettons l'hypothèse qu'elle agirait dans le recrutement de cellules circulantes et dans la stimulation des cellules endothéliales. Son effet serait donc temporaire. Afin de maintenir plus longtemps l'effet de RANTES/CCL5 et de cibler la chimiokine sur le site lésé, il serait judicieux de l'apporter localement. Pour cela, des biomatériaux semblent novateurs pour amener et contrôler la diffusion de la chimiokine. Des travaux préliminaires ont permis de déterminer l'association stable de la chimiokine RANTES/CCL5 à des biomatériaux composés de nitrocellulose (Suffee et al. 2012). La nitrocellulose est un composé récent qui favorise la cytocompatibilité des cellules (prolifération, viabilité et adhésion). Il est appliqué comme outil biologique dans la cicatrisation (Li A. et al. 2012a). Le biomatériau que nous avons utilisé présente des fibres disposées de manières aléatoires. Une étude en microscopie confocal a permis de localiser RANTES/CCL5 dans ce biomatériau. La chimiokine s'associe le long des fibres de nitrocellulose et la diffusion de RANTES/CCL5 semble progressive dans le temps. La disposition en fibres intéresse la bio-ingénierie tissulaire car c'est un critère essentiel. En effet, dans la régénération axonale, il a été démontré que des fibres constituées de polysaccharides composés de pullulane et de dextrane, induisent une conductance nerveuse lorsqu'elles sont de petite taille (nano fibres), linéaires et disposées parallèlement les unes aux autres, contrairement à celles disposées de manière aléatoire. Ces caractéristiques sont favorables pour induire une réendothélialisation cellulaire et la formation d'une matrice en périphérie du biomatériau (Jiang et al. 2012).

Dans notre étude l'utilisation du biomatériau nous a permis de déterminer la capacité de RANTES/CCL5 à interagir avec ce dernier et le maintien de l'activité biologique de la chimiokine. Cependant, le biomatériau composé de nitrocellulose n'est pas biodégradable ce qui limite l'utilisation de cet outil en thérapie.

La nature du biomatériau est donc un critère important. Il existe des biomimétiques d'hydrogels composés de dextrane methacrylé ou de gélatine de méthacrylamide modifiée qui sont favorables pour l'adhérence de cellules endothéliales (CE) et de cellules musculaires lisses (CML). Une co-culture en trois dimensions des CE et des CML a été réalisée sur ces biomatériaux par l'équipe de Liu Y., et coll. Les CML sécrètent l'élastine qui compose la matrice extracellulaire mais aussi des facteurs angiogéniques impliqués dans la maturité des vaisseaux (TGF-β et PDGF). Ces biomatériaux cellularisables semblent être favorables pour remplacer une partie de vaisseaux lésés (Liu Y. et al. 2012b).

Il existe aussi des biomatériaux constitués de polysaccharides composés de pullulane et de dextrane. Ce biomatériau a l'avantage d'être biodégradable. En fonction des caractéristiques liées à sa synthèse, la matrice possède des pores plus ou moins lâches dans lesquels peuvent s'insérer différentes molécules, comme le VEGF, le fucoïdane et des cellules comme les cellules mésenchymateuses ou les CPEs (Lavergne et al. 2012, Le Visage et al. 2012).

Ainsi, nous avons poursuivi notre approche thérapeutique en associant RANTES/CCL5 à une matrice polysaccharidique composée de pullulane et de dextrane (75/25). L'utilisation de RANTES/CCL5 biotinylée, révélée par la streptavidine couplé à un fluorochrome vert, nous a permis de déterminer la localisation de RANTES/CCL5 au niveau des pores du biomatériau (Résultats complémentaires, **Figure 48, (page 155)**). Nous supposons que RANTES/CCL5 serait associé à travers des interactions électrostatiques dans les pores. L'implantation en sous-cutané chez la souris de ce biomatériau est partiellement biodégradé au $21^{\text{ème}}$ jour alors qu'associé à RANTES/CCL5 il est biodégradé en totalité dans les 14 jours qui suivent l'implantation. La formation des vaisseaux présents autour du biomatériau est potentialisée en présence de RANTES/CCL5. Dans une visée thérapeutique, ces résultats sont prometteurs pour une éventuelle utilisation de RANTES/CCL5 incubée dans le biomatériau.

D'autre part, l'utilisation de ces biomatériaux comme support de cellules exogènes pourrait être envisagée dans l'application en vue d'une régénération tissulaire. Pour cela, les biomatériaux peuvent être associés à

des mimétiques synthétiques de GAGs tels que les ReGeneraTing Agent®
(RGTA®). Il existe une variété de RGTA®, en fonction des degrés de
substitution de carboxyméthyle et de sulfate. Les RGTA® modulent les
effets angiogéniques des facteurs protéiques tels que le VEGF et le FGF-2.
Il a été montré que le VEGF présente une plus forte affinité pour un des
variant de RGTA® : l'OTR4120®. Le FGF-2 présente une affinité plus
importante pour le RGTA 11® que pour l'héparine ou pour ses récepteurs.
Ces deux variants de RGTA® potentialisent l'effet angiogénique du VEGF
et FGF-2 à leur contact. De plus, dans le but de cellulariser des
biomatériaux par des cellules endothéliales humaines, il a été démontré
qu'un biomatériau composé de polyethylene terephtalate recouvert de
collagène associé au RGTA 11® et au FGF-2 potentialise la migration et la
prolifération de ces cellules dans le biomatériau (Desgranges et al. 2001,
Rouet et al. 2005). Ainsi nous pourrions tester l'effet de RANTES/CCL5
au contact de ces RGTA® dans le but de potentialiser l'effet de
RANTES/CCL5 dans l'angiogenèse.

A l'inverse, dans certaines pathologies inflammatoires, l'angiogenèse
est néfaste. En effet, dans le cancer la vascularisation tumorale est
responsable de la progression du cancer et de l'invasion métastasique. De

nombreuses thérapies ciblant cette angiogenèse ont pour but de limiter la progression tumorale ; cependant, peu d'effets sont observés sur un long terme (Vuorio et al. 2012). L'inhibition des vaisseaux néoformés est donc un critère primordial. Des thérapies anti-angiogéniques basées sur l'administration d'anticorps dirigés contre le VEGF et contre l'activité tyrosine kinase de ses récepteurs (Avastin®, Sunitinib®) dans des pathologies chroniques inflammatoires associées à l'angiogenèse, ont été décevantes (Vuorio et al. 2012).

Nous avons démontré un effet angiogénique induit par RANTES/CCL5 à travers l'interaction avec ses RCPGs. Les RCPGs sont les cibles majoritaires en thérapie. Ils représentent 40% des cibles thérapeutiques (Rajagopalan L. and Rajarathnam 2006). Par un système de compétition, l'interaction d'un antagoniste de CCR1, le CCX721 (analogue du CCX354) avec la chimiokine MIP-1α/CCL3, diminue la chimiotaxie des monocytes induite ainsi que leur différenciation en macrophages, impliqués dans la progression du syndrome myélodysplasique (Dairaghi et al. 2012). De plus, il existe des peptides sulfatés mimant le domaine N-terminal de CXCR4 et de CCR5 présentant une plus forte affinité pour les chimiokines respectives SDF-1/CXCL12 et RANTES/CCL5. Ces peptides inhibent de cette manière l'interaction et l'activation des RCPGs (Veldkamp et al. 2009). Ces deux systèmes peuvent être utilisés afin d'inhiber l'interaction de

RANTES/CCL5 à ses récepteurs endogènes par compétition, ce qui modulerait les effets biologiques de la chimiokine. D'autre part, il existe des mutations de RANTES/CCL5 sur les sites d'interaction de la chimiokine à ses RCPGs. La chimiokine Met-RANTES/CCL5 est invalidée sur les sites d'interaction au CCR1 et CCR5. Dans des modèles animaux et *in vitro*, il a été démontré son efficacité dans l'inhibition du recrutement de CPEs sur les sites lésés et ainsi une abolition de la formation de néo-vaisseaux (Barcelos et al. 2009, Krensky and Ahn 2007, Westerweel et al. 2008).

Une autre manière d'inhiber les effets de RANTES/CCL5 serait d'abolir l'interaction de la chimiokine à ses corécepteurs endogènes : les chaînes GAGs de type HS. Plusieurs investigations peuvent être envisagées dans une visée thérapeutique.

La première serait l'utilisation de mutants de la chimiokine RANTES/CCL5 dont les sites de liaison aux chaînes GAGs ont été modifiés. Dans des lésions athérosclérotiques chez la souris, le $[^{44}ANAA^{47}]$-RANTES/CCL5 a perdu sa capacité à recruter des cellules circulantes et à former des vaisseaux dans un modèle d'implantation en sous-cutané. En effet, nous avons démontré que $[^{44}ANAA^{47}]$-RANTES/CCL5 n'induisait ni la migration, ni l'étalement ni la formation de tubes vasculaires sur les HUV-EC-Cs (Braunersreuther et al. 2008, Suffee et al. 2012). Donc, l'absence d'effet angiogénique établie par ce mutant de RANTES/CCL5 et l'incapacité de recruter des cellules immunes, pourrait limiter le développement de cancer en : 1- inhibant le recrutement des TAMs, réservoir de facteurs angiogéniques et 2- en inhibant les effets biologiques induits par RANTES/CCL5 (De Palma 2012). Les mutants de RANTES/CCL5 pourraient être des candidats thérapeutiques, en établissant une compétition par une administration d'une dose supérieure à celle de RANTES/CCL5 endogène.

D'autre part, il existe des mimétiques naturels de GAGs : les fucoïdanes. Leur composition en polysaccharides sulfatés varie selon l'origine des algues à partir desquelles ils sont isolés. D'après leur composition en sulfate, ils peuvent avoir des effets opposés sur la formation des néo-vaisseaux. Liu et coll., a récemment démontré que le fucoïdane provenant de l'algue brune *Undaria pinnatifida* est composé de 59% de carbohydrate, 21% de sulfate, 9% d'acide uronique, de fucose et de galactose comme monosaccharides. Ce fucoïdane inhibe significativement de manière dose-dépendante la prolifération, la migration de cellules HUVECs et la formation de réseau tubulaire *in vitro* ; ceci est confirmé dans un modèle ex-vivo, où l'expression du VEGF est également diminuée en présence de ce fucoïdane (Liu F. et al. 2012a). D'autre part, des extraits de fucoïdane provenant de la digestion enzymatique des algues *Mozuku de Cladosiphon novae-caledoniae kylin* inhibent l'angiogenèse en inhibant l'expression de facteurs angiogéniques comme le VEGF, les MMP-2 et MMP-9 (Ye et al. 2005). Il existe peu d'études de l'effet du fucoïdane sur la chimiokine RANTES/CCL5. Ce fucoïdane a été démontré pour diminuer la sévérité des symptômes de l'eczéma *(atopic dermatitis)* sur des souris, en inhibant l'expression génique de RANTES/CCL5 (Yang 2012). Outre le fucoïdane, des mimétiques synthétiques de chaînes GAGs ont été évalués, dans notre laboratoire, sur une lignée de cellules d'hépatocarcinome. L'incubation de ces cellules avec des Regenerating Agent (RGTA)® (OTR4120 et OTR4131) diminue les effets biologiques induits par RANTES/CCL5 (Sutton et al. 2007b). Les effets de ces RGTA® n'ont pas été testés sur les cellules endothéliales HUV-EC-Cs, il serait donc pertinent d'étudier les effets biologiques induits par RANTES/CCL5 sur les HUV-EC-Cs traités par les RGTA®.

Enfin, nous avons démontré que RANTES/CCL5 induit des effets biologiques via son interaction avec des PGs membranaires SDC-1 et SDC-4. L'utilisation de la synstatine, un peptide mimant la région du corps protéique du SDC-1 impliquée dans l'activation des intégrines, abolit l'invasion des cellules endothéliales (Purushothaman et al. 2010). De plus, l'interaction des SDCs avec des facteurs angiogéniques induit une activation de la signalisation intracellulaire. Le FGF-2 interagit avec le SDC-4 induisant de cette manière la modulation de l'adhérence des HUVECs. Des mutations réalisées dans le domaine intracytoplasmique du SDC-4 diminuent les effets induits par le FGF-2 (Murakami et al. 2002). Dans notre laboratoire nous testons actuellement les effets induits par RANTES/CCL5 sur le SDC-4 muté au niveau des sites de liaisons impliqués dans l'induction de la migration des HUV-EC-Cs. Ces mutations ont lieu au niveau du domaine intracellulaire, sur les sites de liaison d'une phosphatase (PP1/2A) sur le domaine C2 du SDC-4, permettant ainsi une interaction avec les protéines à domaine PDZ. Cette interaction induit la déphosphorylation de la Sérine 183 du domaine C1 et la fixation du PIP2 sur la région Variable, conduisant ainsi à l'oligomérisation du SDC-4. La PKCα ainsi inactivée inhibe des protéines G et des protéines du cytosquelette abolissant ainsi la migration cellulaire. La synthèse de peptides neutralisant ces domaines d'interactions pourraient être une nouvelle approche thérapeutique. De plus, il a récemment été démontré dans le cancer du sein, que l'utilisation de microARN (miR-10b) affecte l'expression du SDC-1, ce qui induit une inhibition de protéine Rho-GTPase et de la E-cadhérine impliquées dans la mobilité cellulaire (Ibrahim et al. 2012). Ainsi, l'utilisation de micro-ARNs et de peptides ciblant le corps protéique des SDCs pourraient constituer une nouvelle stratégie thérapeutique, en modulant négativement l'angiogenèse associée aux tumeurs par le biais d'une diminution de la transduction de signaux intracellulaires induites par RANTES/CCL5. Des stratégies utilisant des antagonistes de RCPGs sont actuellement utilisées en thérapie. Des thérapies basées sur l'administration de Maraviroc®, antagoniste de CCR5 sur des patients atteints de cancer ou infectés par le VIH a démontré des résultats satisfaisant dans la régression de ces maladies (Gramegna et al. 2011, Velasco-Velazquez et al. 2012). La synthèse d'un antagoniste chimérique de RANTES/CCL5 ne pouvant se lier ni aux RCPGs ni aux chaînes GAGs pourrait être une des approches thérapeutiques innovantes et original, permettant de réprimer l'angiogenèse.

En conclusion nous démontrons l'implication de la chimiokine RANTES/CCL5 dans l'angiogenèse *in vivo* et *in vitro*, à travers ses récepteurs et ses co-récepteurs. Ainsi les mécanismes biologiques mis en évidence apportent une base fondamentale dans le développement de nouvelles approches thérapeutiques envisageables. De plus la compatibilité de la chimiokine associée au biomatériau polysaccharidique est un pré-requis permettant l'amélioration de la synthèse de support biologique en vue d'une administration locale d'une protéine.

V- Bibliographies

Aase K, Lymboussaki A, Kaipainen A, Olofsson B, Alitalo K, Eriksson U. 1999. Localization of VEGF-B in the mouse embryo suggests a paracrine role of the growth factor in the developing vasculature. Dev Dyn 215: 12-25.

Abbate I, Dianzani F, Bianchi F, Mosiello G, Carletti F, Fiumara D, Capobianchi MR. 1999. RANTES stimulates cell-mediated transmission of HIV-1 infection. J Interferon Cytokine Res 19: 345-350.

Abed A, Assoul N, Ba M, Derkaoui SM, Portes P, Louedec L, Flaud P, Bataille I, Letourneur D, Meddahi-Pelle A. 2011. Influence of polysaccharide composition on the biocompatibility of pullulan/dextran-based hydrogels. J Biomed Mater Res A 96: 535-542.

Adams RH, Alitalo K. 2007. Molecular regulation of angiogenesis and lymphangiogenesis. Nat Rev Mol Cell Biol 8: 464-478.

Adler EP, Lemken CA, Katchen NS, Kurt RA. 2003. A dual role for tumor-derived chemokine RANTES (CCL5). Immunol Lett 90: 187-194.

Affolder T, et al. 2000. Measurement of J/psi and psi(2S) polarization in pp collisions at sqrt[s] = 1.8 TeV. Phys Rev Lett 85: 2886-2891.

Alexopoulou AN, Multhaupt HA, Couchman JR. 2007. Syndecans in wound healing, inflammation and vascular biology. Int J Biochem Cell Biol 39: 505-528.

Ambati BK, Anand A, Joussen AM, Kuziel WA, Adamis AP, Ambati J. 2003. Sustained inhibition of corneal neovascularization by genetic ablation of CCR5. Invest Ophthalmol Vis Sci 44: 590-593.

Aplin AC, Fogel E, Nicosia RF. 2010. MCP-1 promotes mural cell recruitment during angiogenesis in the aortic ring model. Angiogenesis 13: 219-226.

Assmus B, et al. 2002. Transplantation of Progenitor Cells and Regeneration Enhancement in Acute Myocardial Infarction (TOPCARE-AMI). Circulation 106: 3009-3017.

Assmus B. 2006. Transcoronary transplantation of progenitor cells after myocardial infarction. N Engl J Med 355: 1222-1232.

Autissier A, Letourneur D, Le Visage C. 2007. Pullulan-based hydrogel for smooth muscle cell culture. J Biomed Mater Res A 82: 336-342.

Autissier A, Le Visage C, Pouzet C, Chaubet F, Letourneur D. 2010. Fabrication of porous polysaccharide-based scaffolds using a combined freeze-drying/cross-linking process. Acta Biomater 6: 3640-3648.

Aviezer D, Iozzo RV, Noonan DM, Yayon A. 1997. Suppression of autocrine and paracrine functions of basic fibroblast growth factor by stable expression of perlecan antisense cDNA. Mol Cell Biol 17. 1938-1946.

Aviezer D, Hecht D, Safran M, Eisinger M, David G, Yayon A. 1994. Perlecan, basal lamina proteoglycan, promotes basic fibroblast growth factor-receptor binding, mitogenesis, and angiogenesis. Cell 79: 1005-1013.

Babykutty S, S PP, J NR, Kumar MA, Nair MS, Srinivas P, Gopala S. 2012. Nimbolide retards tumor cell migration, invasion, and angiogenesis by downregulating MMP-2/9 expression via inhibiting ERK1/2 and reducing DNA-binding activity of NF-kappaB in colon cancer cells. Mol Carcinog 51: 475-490.

Bacon K, et al. 2002. Chemokine/chemokine receptor nomenclature. J Interferon Cytokine Res 22: 1067-1068.

Baltus T, Weber KS, Johnson Z, Proudfoot AE, Weber C. 2003. Oligomerization of RANTES is required for CCR1-mediated arrest but not CCR5-mediated transmigration of leukocytes on inflamed endothelium. Blood 102: 1985-1988.

Barbosa I, et al. 2005. A synthetic glycosaminoglycan mimetic (RGTA) modifies natural glycosaminoglycan species during myogenesis. J Cell Sci 118: 253-264.

Barcelos LS, Coelho AM, Russo RC, Guabiraba R, Souza AL, Bruno-Lima G, Jr., Proudfoot AE, Andrade SP, Teixeira MM. 2009. Role of the chemokines CCL3/MIP-1 alpha and CCL5/RANTES in sponge-induced inflammatory angiogenesis in mice. Microvasc Res 78: 148-154.

Bartolome RA, Molina-Ortiz I, Samaniego R, Sanchez-Mateos P, Bustelo XR, Teixido J. 2006. Activation of Vav/Rho GTPase signaling by CXCL12 controls membrane-type matrix metalloproteinase-dependent melanoma cell invasion. Cancer Res 66: 248-258.

Bauvois B. 2012. New facets of matrix metalloproteinases MMP-2 and MMP-9 as cell surface transducers: outside-in signaling and relationship to tumor progression. Biochim Biophys Acta 1825: 29-36.

Bayless KJ, Davis GE. 2003. Sphingosine-1-phosphate markedly induces matrix metalloproteinase and integrin-dependent human endothelial cell invasion and lumen formation in three-dimensional collagen and fibrin matrices. Biochem Biophys Res Commun 312: 903-913.

Belch J, Hiatt WR, Baumgartner I, Driver IV, Nikol S, Norgren L, Van Belle E. 2011. Effect of fibroblast growth factor NV1FGF on amputation and death: a randomised placebo-controlled trial of gene therapy in critical limb ischaemia. Lancet 377: 1929-1937.

Belvitch P, Dudek SM. 2012. Role of FAK in S1P-regulated endothelial permeability. Microvasc Res 83: 22-30.

Ben-Baruch A. 2003. Host microenvironment in breast cancer development: inflammatory cells, cytokines and chemokines in breast cancer progression: reciprocal tumor-microenvironment interactions. Breast Cancer Res 5: 31-36.

Ben-Baruch A. 2006. The multifaceted roles of chemokines in malignancy. Cancer Metastasis Rev 25: 357-371.

Ben-Baruch A. 2009. Site-specific metastasis formation: chemokines as regulators of tumor cell adhesion, motility and invasion. Cell Adh Migr 3: 328-333.

Bennett LD, Fox JM, Signoret N. 2011. Mechanisms regulating chemokine receptor activity. Immunology 134: 246-256.

Bhardwaj S, Roy H, Babu M, Shibuya M, Yla-Herttuala S. 2011. Adventitial gene transfer of VEGFR-2 specific VEGF-E chimera induces MCP-1 expression in vascular smooth muscle cells and enhances neointimal formation. Atherosclerosis 219: 84-91.

Blanchet X, Langer M, Weber C, Koenen RR, von Hundelshausen P. 2012. Touch of Chemokines. Front Immunol 3: 175.

Blanpain C, Doranz BJ, Bondue A, Govaerts C, De Leener A, Vassart G, Doms RW, Proudfoot A, Parmentier M. 2003. The core domain of chemokines binds CCR5 extracellular domains while their amino terminus interacts with the transmembrane helix bundle. J Biol Chem 278: 5179-5187.

Blasco F, et al. 2004. Expression profiles of a human pancreatic cancer cell line upon induction of apoptosis search for modulators in cancer therapy. Oncology 67: 277-290.

Boisson-Vidal C, Zemani F, Caligiuri G, Galy-Fauroux I, Colliec-Jouault S, Helley D, Fischer AM. 2007. Neoangiogenesis induced by progenitor endothelial cells: effect of fucoidan from marine algae. Cardiovasc Hematol Agents Med Chem 5: 67-77.

Bosco MC, Puppo M, Santangelo C, Anfosso L, Pfeffer U, Fardin P, Battaglia F, Varesio L. 2006. Hypoxia modifies the transcriptome of primary human monocytes: modulation of novel immune-related genes and identification of CC-chemokine ligand 20 as a new hypoxia-inducible gene. J Immunol 177: 1941-1955.

Bousquenaud M, Schwartz C, Leonard F, Rolland-Turner M, Wagner D, Devaux Y. 2012. Monocyte chemotactic protein 3 is a homing factor for circulating angiogenic cells. Cardiovasc Res 94: 519-525.

Bouvard C, Gafsou B, Dizier B, Galy-Fauroux I, Lokajczyk A, Boisson-Vidal C, Fischer AM, Helley D. 2010. alpha6-integrin subunit plays a major role in the proangiogenic properties of endothelial progenitor cells. Arterioscler Thromb Vasc Biol 30: 1569-1575.

Braunersreuther V, Mach F, Steffens S. 2007. The specific role of chemokines in atherosclerosis. Thromb Haemost 97: 714-721.

Braunersreuther V, Steffens S, Arnaud C, Pelli G, Burger F, Proudfoot A, Mach F. 2008. A novel RANTES antagonist prevents progression of established atherosclerotic lesions in mice. Arterioscler Thromb Vasc Biol 28: 1090-1096.

Brule S, Friand V, Sutton A, Baleux F, Gattegno L, Charnaux N. 2009. Glycosaminoglycans and syndecan-4 are involved in SDF-1/CXCL12-mediated invasion of human epitheloid carcinoma HeLa cells. Biochim Biophys Acta 1790: 1643-1650.

Burns JM, et al. 2006. A novel chemokine receptor for SDF-1 and I-TAC involved in cell survival, cell adhesion, and tumor development. J Exp Med 203: 2201-2213.

Burri PH, Hlushchuk R, Djonov V. 2004. Intussusceptive angiogenesis: its emergence, its characteristics, and its significance. Dev Dyn 231: 474-488.

Busti C, Falcinelli E, Momi S, Gresele P. 2010. Matrix metalloproteinases and peripheral arterial disease. Intern Emerg Med 5: 13-25.

Cabrita MA, Jones LM, Quizi JL, Sabourin LA, McKay BC, Addison CL. 2011. Focal adhesion kinase inhibitors are potent anti-angiogenic agents. Mol Oncol 5: 517-526.

Cao R, Brakenhielm E, Pawliuk R, Wariaro D, Post MJ, Wahlberg E, Leboulch P, Cao Y. 2003. Angiogenic synergism, vascular stability and improvement of hind-limb ischemia by a combination of PDGF-BB and FGF-2. Nat Med 9: 604-613.

Carey DJ. 1997. Syndecans: multifunctional cell-surface co-receptors. Biochem J 327 (Pt 1): 1-16.

Carmeliet P. 2003. Angiogenesis in health and disease. Nat Med 9: 653-660.

Carmeliet P, Jain RK. 2000. Angiogenesis in cancer and other diseases. Nature 407: 249-257.

Carmeliet P. 2011. Principles and mechanisms of vessel normalization for cancer and other angiogenic diseases. Nat Rev Drug Discov 10: 417-427.

Celletti FL, Waugh JM, Amabile PG, Brendolan A, Hilfiker PR, Dake MD. 2001. Vascular endothelial growth factor enhances atherosclerotic plaque progression. Nat Med 7: 425-429.

Censi R, Di Martino P, Vermonden T, Hennink WE. 2012. Hydrogels for protein delivery in tissue engineering. J Control Release 161: 680-692.

Ceradini DJ, Kulkarni AR, Callaghan MJ, Tepper OM, Bastidas N, Kleinman ME, Capla JM, Galiano RD, Levine JP, Gurtner GC. 2004. Progenitor cell trafficking is regulated by hypoxic gradients through HIF-1 induction of SDF-1. Nat Med 10: 858-864.

Chandrasekar B, Mummidi S, Perla RP, Bysani S, Dulin NO, Liu F, Melby PC. 2003. Fractalkine (CX3CL1) stimulated by nuclear factor kappaB (NF-kappaB)-dependent inflammatory signals induces aortic smooth muscle cell proliferation through an autocrine pathway. Biochem J 373: 547-558.

Chaouat M, Le Visage C, Autissier A, Chaubet F, Letourneur D. 2006. The evaluation of a small-diameter polysaccharide-based arterial graft in rats. Biomaterials 27: 5546-5553.

Charni F, Friand V, Haddad O, Hlawaty H, Martin L, Vassy R, Oudar O, Gattegno L, Charnaux N, Sutton A. 2009. Syndecan-1 and syndecan-4 are involved in RANTES/CCL5-induced migration and invasion of human hepatoma cells. Biochim Biophys Acta 1790: 1314-1326.

Cherezov V, et al. 2007. High-resolution crystal structure of an engineered human beta2-adrenergic G protein-coupled receptor. Science 318: 1258-1265.

Chuang JY, Yang WH, Chen HT, Huang CY, Tan TW, Lin YT, Hsu CJ, Fong YC, Tang CH. 2009. CCL5/CCR5 axis promotes the motility of human oral cancer cells. J Cell Physiol 220: 418-426.

Chung AS, Ferrara N. 2011. Developmental and pathological angiogenesis. Annu Rev Cell Dev Biol 27: 563-584.

Conway EM, Collen D, Carmeliet P. 2001. Molecular mechanisms of blood vessel growth. Cardiovasc Res 49: 507-521.

Couchman JR. 2003. Syndecans: proteoglycan regulators of cell-surface microdomains? Nat Rev Mol Cell Biol 4: 926-937.

Dagouassat M, et al. 2010. Monocyte chemoattractant protein-1 (MCP-1)/CCL2 secreted by hepatic myofibroblasts promotes migration and invasion of human hepatoma cells. Int J Cancer 126: 1095-1108.

Dairaghi DJ, et al. 2012. CCR1 blockade reduces tumor burden and osteolysis in vivo in a mouse model of myeloma bone disease. Blood 120: 1449-1457.

Daissormont IT, Kraaijeveld AO, Biessen EA. 2009. Chemokines as therapeutic targets for atherosclerotic plaque destabilization and rupture. Future Cardiol 5: 273-284.

De Falco E, et al. 2004. SDF-1 involvement in endothelial phenotype and ischemia-induced recruitment of bone marrow progenitor cells. Blood 104: 3472-3482.

De Palma M. 2012. Partners in crime: VEGF and IL-4 conscript tumour-promoting macrophages. J Pathol 227: 4-7.

Desgranges P, Caruelle JP, Carpentier G, Barritault D, Tardieu M. 2001. Beneficial use of fibroblast growth factor 2 and RGTA, a new family of heparan mimics, for endothelialization of PET prostheses. J Biomed Mater Res 58: 1-9.

Djonov V, Baum O, Burri PH. 2003. Vascular remodeling by intussusceptive angiogenesis. Cell Tissue Res 314: 107-117.

Dobaczewski M, Xia Y, Bujak M, Gonzalez-Quesada C, Frangogiannis NG. 2010. CCR5 signaling suppresses inflammation and reduces adverse remodeling of the infarcted heart, mediating recruitment of regulatory T cells. Am J Pathol 176: 2177-2187.

Dubrac A, Quemener C, Lacazette E, Lopez F, Zanibellato C, Wu WG, Bikfalvi A, Prats H. 2010. Functional divergence between 2 chemokines is conferred by single amino acid change. Blood 116: 4703-4711.

Duma L, Haussinger D, Rogowski M, Lusso P, Grzesiek S. 2007. Recognition of RANTES by extracellular parts of the CCR5 receptor. J Mol Biol 365: 1063-1075.

Evans VA, Khoury G, Saleh S, Cameron PU, Lewin SR. 2012. HIV persistence: Chemokines and their signalling pathways. Cytokine Growth Factor Rev 23: 151-157.

Faham S, Hileman RE, Fromm JR, Linhardt RJ, Rees DC. 1996. Heparin structure and interactions with basic fibroblast growth factor. Science 271: 1116-1120.

Fan J, Heller NM, Gorospe M, Atasoy U, Stellato C. 2005. The role of post-transcriptional regulation in chemokine gene expression in inflammation and allergy. Eur Respir J 26: 933-947.

Fears CY, Gladson CL, Woods A. 2006. Syndecan-2 is expressed in the microvasculature of gliomas and regulates angiogenic processes in microvascular endothelial cells. J Biol Chem 281: 14533-14536.

Fernandez EJ, Lolis E. 2002. Structure, function, and inhibition of chemokines. Annu Rev Pharmacol Toxicol 42: 469-499.

Fidler IJ. 2003. The pathogenesis of cancer metastasis: the 'seed and soil' hypothesis revisited. Nat Rev Cancer 3: 453-458.

Folkman J. 1971. Tumor angiogenesis: therapeutic implications. N Engl J Med 285: 1182-1186.

Folkman J. 2006. Angiogenesis. Annu Rev Med 57: 1-18.

Folkman J, Taylor S, Spillberg C. 1983. The role of heparin in angiogenesis. Ciba Found Symp 100: 132-149.

Frederick MJ, Clayman GL. 2001. Chemokines in cancer. Expert Rev Mol Med 3: 1-18.

Friand V, et al. 2009. Glycosaminoglycan mimetics inhibit SDF-1/CXCL12-mediated migration and invasion of human hepatoma cells. Glycobiology 19: 1511-1524.

Fromigue O, Hay E, Barbara A, Petrel C, Traiffort E, Ruat M, Marie PJ. 2009. Calcium sensing receptor-dependent and receptor-independent activation of osteoblast replication and survival by strontium ranelate. J Cell Mol Med 13: 2189-2199.

Fuster MM, Wang L. 2010. Endothelial heparan sulfate in angiogenesis. Prog Mol Biol Transl Sci 93: 179-212.

Gassmann P, Enns A, Haier J. 2004. Role of tumor cell adhesion and migration in organ-specific metastasis formation. Onkologie 27: 577-582.

Ghilardi G, Biondi ML, Battaglioli L, Zambon A, Guagnellini E, Scorza R. 2004. Genetic risk factor characterizes abdominal aortic aneurysm from arterial occlusive disease in human beings: CCR5 Delta 32 deletion. J Vasc Surg 40: 995-1000.

Gingras M, Farand P, Safar ME, Plante GE. 2009. Adventitia: the vital wall of conduit arteries. J Am Soc Hypertens 3: 166-183.

Glass CK, Witztum JL. 2001. Atherosclerosis. the road ahead. Cell 104: 503-516.

Gotte M, Joussen AM, Klein C, Andre P, Wagner DD, Hinkes MT, Kirchhof B, Adamis AP, Bernfield M. 2002. Role of syndecan-1 in leukocyte-endothelial interactions in the ocular vasculature. Invest Ophthalmol Vis Sci 43: 1135-1141.

Gramegna P, et al. 2011. In vitro downregulation of matrix metalloproteinase-9 in rat glial cells by CCR5 antagonist maraviroc: therapeutic implication for HIV brain infection. PLoS One 6: e28499.

Gridley T. 2010. Notch signaling in the vasculature. Curr Top Dev Biol 92: 277-309.

Griffioen AW, Molema G. 2000. Angiogenesis: potentials for pharmacologic intervention in the treatment of cancer, cardiovascular diseases, and chronic inflammation. Pharmacol Rev 52: 237-268.

Guergnon J, Combadiere C. 2012. Role of chemokines polymorphisms in diseases. Immunol Lett 145: 15-22.

Gurevich VV, Gurevich EV. 2006. The structural basis of arrestin-mediated regulation of G-protein-coupled receptors. Pharmacol Ther 110: 465-502.

Hagedorn M, Balke M, Schmidt A, Bloch W, Kurz H, Javerzat S, Rousseau B, Wilting J, Bikfalvi A. 2004. VEGF coordinates interaction of pericytes and endothelial cells during vasculogenesis and experimental angiogenesis. Dev Dyn 230: 23-33.

Hamdan R, Zhou Z, Kleinerman ES. 2011. SDF-1alpha induces PDGF-B expression and the differentiation of bone marrow cells into pericytes. Mol Cancer Res 9: 1462-1470.

Hamilton T, Li X, Novotny M, Pavicic PG, Jr., Datta S, Zhao C, Hartupee J, Sun D. 2012. Cell type- and stimulus-specific mechanisms for post-transcriptional control of neutrophil chemokine gene expression. J Leukoc Biol 91: 377-383.

Handel TM, Johnson Z, Crown SE, Lau EK, Proudfoot AE. 2005. Regulation of protein function by glycosaminoglycans--as exemplified by chemokines. Annu Rev Biochem 74: 385-410.

Hansell CA, Hurson CE, Nibbs RJ. 2011. DARC and D6: silent partners in chemokine regulation? Immunol Cell Biol 89: 197-206.

Hanyaloglu AC, von Zastrow M. 2008. Regulation of GPCRs by endocytic membrane trafficking and its potential implications. Annu Rev Pharmacol Toxicol 48: 537-568.

Harrison T, Samuel BU, Akompong T, Hamm H, Mohandas N, Lomasney JW, Haldar K. 2003. Erythrocyte G protein-coupled receptor signaling in malarial infection. Science 301: 1734-1736.

Hayes IM, Jordan NJ, Towers S, Smith G, Paterson JR, Earnshaw JJ, Roach AG, Westwick J, Williams RJ. 1998. Human vascular smooth muscle cells express receptors for CC chemokines. Arterioscler Thromb Vasc Biol 18: 397-403.

Heissig B, et al. 2002. Recruitment of stem and progenitor cells from the bone marrow niche requires MMP-9 mediated release of kit-ligand. Cell 109: 625-637.

Henry TD, et al. 2003. The VIVA trial: Vascular endothelial growth factor in Ischemia for Vascular Angiogenesis. Circulation 107: 1359-1365.

Hlawaty H, Suffee N, Sutton A, Oudar O, Haddad O, Ollivier V, Laguillier-Morizot C, Gattegno L, Letourneur D, Charnaux N. 2011. Low molecular weight fucoidan prevents intimal hyperplasia in rat injured thoracic aorta through the modulation of matrix metalloproteinase-2 expression. Biochem Pharmacol 81: 233-243.

Hlushchuk R, Riesterer O, Baum O, Wood J, Gruber G, Pruschy M, Djonov V. 2008. Tumor recovery by angiogenic switch from sprouting to intussusceptive angiogenesis after treatment with PTK787/ZK222584 or ionizing radiation. Am J Pathol 173: 1173-1185.

Ho TK, Shiwen X, Abraham D, Tsui J, Baker D. 2012. Stromal-Cell-Derived Factor-1 (SDF-1)/CXCL12 as Potential Target of Therapeutic Angiogenesis in Critical Leg Ischaemia. Cardiol Res Pract 2012: 143209.

Ho YC, Mi FL, Sung HW, Kuo PL. 2009. Heparin-functionalized chitosan-alginate scaffolds for controlled release of growth factor. Int J Pharm 376: 69-75.

Hoffmann E, Dittrich-Breiholz O, Holtmann H, Kracht M. 2002. Multiple control of interleukin-8 gene expression. J Leukoc Biol 72: 847-855.

Holmes K, Roberts OL, Thomas AM, Cross MJ. 2007. Vascular endothelial growth factor receptor-2: structure, function, intracellular signalling and therapeutic inhibition. Cell Signal 19: 2003-2012.

Horowitz A, Simons M. 1998. Regulation of syndecan-4 phosphorylation in vivo. J Biol Chem 273: 10914-10918.

Hu L, Bray MD, Geng Y, Kopecko DJ. 2012. Campylobacter jejuni-Mediated Induction of CC and CXC Chemokines and Chemokine Receptors in Human Dendritic Cells. Infect Immun 80: 2929-2939.

Hundhausen C, et al. 2003. The disintegrin-like metalloproteinase ADAM10 is involved in constitutive cleavage of CX3CL1 (fractalkine) and regulates CX3CL1-mediated cell-cell adhesion. Blood 102: 1186-1195.

Ibrahim SA, et al. 2012. Targeting of syndecan-1 by microRNA miR-10b promotes breast cancer cell motility and invasiveness via a Rho-GTPase- and E-cadherin-dependent mechanism. Int J Cancer 131: E884-896.

Ichihara E, Kiura K, Tanimoto M. 2011. Targeting angiogenesis in cancer therapy. Acta Med Okayama 65: 353-362.

Imai S, Kaksonen M, Raulo E, Kinnunen T, Fages C, Meng X, Lakso M, Rauvala H. 1998. Osteoblast recruitment and bone formation enhanced by cell matrix-associated heparin-binding growth-associated molecule (HB-GAM). J Cell Biol 143: 1113-1128.

Imberty A, Lortat-Jacob H, Perez S. 2007. Structural view of glycosaminoglycan-protein interactions. Carbohydr Res 342: 430-439.

Infusino GA, Jacobson JR. 2012. Endothelial FAK as a therapeutic target in disease. Microvasc Res 83: 89-96.

Inoue Y, Yamazaki Y, Shimizu T. 2005. How accurately can we discriminate G-protein-coupled receptors as 7-tms TM protein sequences from other sequences? Biochem Biophys Res Commun 338: 1542-1546.

Iozzo RV, Sanderson RD. 2011. Proteoglycans in cancer biology, tumour microenvironment and angiogenesis. J Cell Mol Med 15: 1013-1031.

Ishida Y, Kimura A, Kuninaka Y, Inui M, Matsushima K, Mukaida N, Kondo T. 2012. Pivotal role of the CCL5/CCR5 interaction for recruitment of endothelial progenitor cells in mouse wound healing. J Clin Invest 122: 711-721.

Isik N, Hereld D, Jin T. 2008. Fluorescence resonance energy transfer imaging reveals that chemokine-binding modulates heterodimers of CXCR4 and CCR5 receptors. PLoS One 3: e3424.

Izhak L, Wildbaum G, Jung S, Stein A, Shaked Y, Karin N. 2012. Dissecting the autocrine and paracrine roles of the CCR2-CCL2 axis in tumor survival and angiogenesis. PLoS One 7: e28305.

Jacob MP. 2003. Extracellular matrix remodeling and matrix metalloproteinases in the vascular wall during aging and in pathological conditions. Biomed Pharmacother 57: 195-202.

Jain RK. 2003. Molecular regulation of vessel maturation. Nat Med 9: 685-693.

Jang E, Albadawi H, Watkins MT, Edelman ER, Baker AB. 2012. Syndecan-4 proteoliposomes enhance fibroblast growth factor-2 (FGF-2)-induced proliferation, migration, and neovascularization of ischemic muscle. Proc Natl Acad Sci U S A 109: 1679-1684.

Jiang Y, Tong Y, Lu S. 2012. Visualizing the three-dimensional mesoscopic structure of dermal tissues. J Tissue Eng Regen Med.

John A, Tuszynski G. 2001. The role of matrix metalloproteinases in tumor angiogenesis and tumor metastasis. Pathol Oncol Res 7: 14-23.

Johnson Z, Proudfoot AE, Handel TM. 2005. Interaction of chemokines and glycosaminoglycans: a new twist in the regulation of chemokine function with opportunities for therapeutic intervention. Cytokine Growth Factor Rev 16: 625-636.

Jost MM, Ninci E, Meder B, Kempf C, Van Royen N, Hua J, Berger B, Hoefer I, Modolell M, Buschmann I. 2003. Divergent effects of GM-CSF and TGFbeta1 on bone marrow-derived macrophage arginase-1 activity, MCP-1 expression, and matrix metalloproteinase-12: a potential role during arteriogenesis. FASEB J 17: 2281-2283.

Karnoub AE, Dash AB, Vo AP, Sullivan A, Brooks MW, Bell GW, Richardson AL, Polyak K, Tubo R, Weinberg RA. 2007. Mesenchymal stem cells within tumour stroma promote breast cancer metastasis. Nature 449: 557-563.

Kasper B, Petersen F. 2011. Molecular pathways of platelet factor 4/CXCL4 signaling. Eur J Cell Biol 90: 521-526.

Keane MP, Arenberg DA, Moore BB, Addison CL, Strieter RM. 1998. CXC chemokines and angiogenesis/angiostasis. Proc Assoc Am Physicians 110: 288-296.

Keeley EC, Mehrad B, Strieter RM. 2008. Chemokines as mediators of neovascularization. Arterioscler Thromb Vasc Biol 28: 1928-1936.

Khachigian LM, Chesterman CN. 1992. Platelet-derived growth factor and alternative splicing: a review. Pathology 24: 280-290.

Kiefer F, Siekmann AF. 2011. The role of chemokines and their receptors in angiogenesis. Cell Mol Life Sci 68: 2811-2830.

Kitamura T, Fujishita T, Loetscher P, Revesz L, Hashida H, Kizaka-Kondoh S, Aoki M, Taketo MM. 2010. Inactivation of chemokine (C-C motif) receptor 1 (CCR1) suppresses colon cancer liver metastasis by blocking accumulation of immature myeloid cells in a mouse model. Proc Natl Acad Sci U S A 107: 13063-13068.

Kluk MJ, Colmont C, Wu MT, Hla T. 2003. Platelet-derived growth factor (PDGF)-induced chemotaxis does not require the G protein-coupled receptor S1P1 in murine embryonic fibroblasts and vascular smooth muscle cells. FEBS Lett 533: 25-28.

Koenen RR, et al. 2009. Disrupting functional interactions between platelet chemokines inhibits atherosclerosis in hyperlipidemic mice. Nat Med 15: 97-103.

Kollet O, et al. 2003. HGF, SDF-1, and MMP-9 are involved in stress-induced human CD34+ stem cell recruitment to the liver. J Clin Invest 112: 160-169.

Konisti S, Kiriakidis S, Paleolog EM. 2012. Hypoxia--a key regulator of angiogenesis and inflammation in rheumatoid arthritis. Nat Rev Rheumatol 8: 153-162.

Kraemer S, Lue H, Zernecke A, Kapurniotu A, Andreetto E, Frank R, Lennartz B, Weber C, Bernhagen J. 2011. MIF-chemokine receptor interactions in atherogenesis are dependent on an N-loop-based 2-site binding mechanism. FASEB J 25: 894-906.

Kramp BK, Sarabi A, Koenen RR, Weber C. 2011. Heterophilic chemokine receptor interactions in chemokine signaling and biology. Exp Cell Res 317: 655-663.

Krensky AM, Ahn YT. 2007. Mechanisms of disease: regulation of RANTES (CCL5) in renal disease. Nat Clin Pract Nephrol 3: 164-170.

Kumar R, Tripathi V, Ahmad M, Nath N, Mir RA, Chauhan SS, Luthra K. 2012. CXCR7 mediated Gialpha independent activation of ERK and Akt promotes cell survival and chemotaxis in T cells. Cell Immunol 272: 230-241.

Kume T. 2012. Ligand-dependent Notch signaling in vascular formation. Adv Exp Med Biol 727: 210-222.

Kuschert GS, Coulin F, Power CA, Proudfoot AE, Hubbard RE, Hoogewerf AJ, Wells TN. 1999. Glycosaminoglycans interact selectively with chemokines and modulate receptor binding and cellular responses. Biochemistry 38: 12959-12968.

Lafont J, Blanquaert F, Colombier ML, Barritault D, Carueelle JP, Saffar JL. 2004. Kinetic study of early regenerative effects of RGTA11, a heparan sulfate mimetic, in rat craniotomy defects. Calcif Tissue Int 75: 517-525.

Laguri C, Arenzana-Seisdedos F, Lortat-Jacob H. 2008. Relationships between glycosaminoglycan and receptor binding sites in chemokines-the CXCL12 example. Carbohydr Res 343: 2018-2023.

Laing KJ, Secombes CJ. 2004. Chemokines. Dev Comp Immunol 28: 443-460.

Lamontagne CA, Grandbois M. 2008. PKC-induced stiffening of hyaluronan/CD44 linkage; local force measurements on glioma cells. Exp Cell Res 314: 227-236.

Lapteva N, Huang XF. 2010. CCL5 as an adjuvant for cancer immunotherapy. Expert Opin Biol Ther 10: 725-733.

Lau EK, Allen S, Hsu AR, Handel TM. 2004. Chemokine-receptor interactions: GPCRs, glycosaminoglycans and viral chemokine binding proteins. Adv Protein Chem 68: 351-391.

Lavergne M, Derkaoui M, Delmau C, Letourneur D, Uzan G, Le Visage C. 2012. Porous polysaccharide-based scaffolds for human endothelial progenitor cells. Macromol Biosci 12: 901-910.

Lazennec G, Richmond A. 2010. Chemokines and chemokine receptors: new insights into cancer-related inflammation. Trends Mol Med 16: 133-144.

Le Visage C, et al. 2012. Mesenchymal stem cell delivery into rat infarcted myocardium using a porous polysaccharide-based scaffold: a quantitative comparison with endocardial injection. Tissue Eng Part A 18: 35-44.

Lei Y, Takahama Y. 2012. XCL1 and XCR1 in the immune system. Microbes Infect 14: 262 267.

Li A, Wang Y, Deng L, Zhao X, Yan Q, Cai Y, Lin J, Bai Y, Liu S, Zhang Y. 2012a. Use of nitrocellulose membranes as a scaffold in cell culture. Cytotechnology.

Li X, Ji Z, Ma Y, Qiu X, Fan Q, Ma B. 2012b. Expression of hypoxia-inducible factor-1alpha, vascular endothelial growth factor and matrix metalloproteinase-2 in sacral chordomas. Oncol Lett 3: 1268-1274.

Lin CS, He PJ, Hsu WT, Wu MS, Wu CJ, Shen HW, Hwang CH, Lai YK, Tsai NM, Liao KW. 2010. Helicobacter pylori-derived Heat shock protein

60 enhances angiogenesis via a CXCR2-mediated signaling pathway. Biochem Biophys Res Commun 397: 283-289.

Lin B, Kim J, Li Y, Pan H, Carvajal-Vergara X, Salama G, Cheng T, Lo CW, Yang L. 2012. High-purity enrichment of functional cardiovascular cells from human iPS cells. Cardiovascular research 95(3):327-335.

Little PJ, Ballinger ML, Burch ML, Osman N. 2008. Biosynthesis of natural and hyperelongated chondroitin sulfate glycosaminoglycans: new insights into an elusive process. Open Biochem J 2: 135-142.

Liu F, Wang J, Chang AK, Liu B, Yang L, Li Q, Wang P, Zou X. 2012a. Fucoidan extract derived from Undaria pinnatifida inhibits angiogenesis by human umbilical vein endothelial cells. Phytomedicine 19: 797-803.

Liu G, Lu P, Li L, Jin H, He X, Mukaida N, Zhang X. 2011. Critical role of SDF-1alpha-induced progenitor cell recruitment and macrophage VEGF production in the experimental corneal neovascularization. Mol Vis 17: 2129-2138.

Liu Y, Rayatpisheh S, Chew SY, Chan-Park MB. 2012b. Impact of endothelial cells on 3D cultured smooth muscle cells in a biomimetic hydrogel. ACS Appl Mater Interfaces 4: 1378-1387.

Lortat-Jacob H. 2009. The molecular basis and functional implications of chemokine interactions with heparan sulphate. Curr Opin Struct Biol 19: 543-548.

Lu J, et al. 2008. MicroRNA-mediated control of cell fate in megakaryocyte-erythrocyte progenitors. Dev Cell 14: 843-853.

Ludwig A, Mentlein R. 2008. Glial cross-talk by transmembrane chemokines CX3CL1 and CXCL16. J Neuroimmunol 198: 92-97.

Ludwig A, Berkhout T, Moores K, Groot P, Chapman G. 2002. Fractalkine is expressed by smooth muscle cells in response to IFN-gamma and TNF-alpha and is modulated by metalloproteinase activity. J Immunol 168: 604-612.

Lutolf MP, Lauer-Fields JL, Schmoekel HG, Metters AT, Weber FE, Fields GB, Hubbell JA. 2003. Synthetic matrix metalloproteinase-sensitive hydrogels for the conduction of tissue regeneration: engineering cell-invasion characteristics. Proc Natl Acad Sci U S A 100: 5413-5418.

Ly M, Laremore TN, Linhardt RJ. 2010. Proteoglycomics: recent progress and future challenges. OMICS 14: 389-399.

Manes S, et al. 2003. CCR5 expression influences the progression of human breast cancer in a p53-dependent manner. J Exp Med 198: 1381-1389.

Manzoni O, Bockaert J. 1995. Metabotropic glutamate receptors inhibiting excitatory synapses in the CA1 area of rat hippocampus. Eur J Neurosci 7: 2518-2523.

Marcaurelle LA, Mizoue LS, Wilken J, Oldham L, Kent SB, Handel TM, Bertozzi CR. 2001. Chemical synthesis of lymphotactin: a glycosylated chemokine with a C-terminal mucin-like domain. Chemistry 7: 1129-1132.

Marchetto MC, Carromeu C, Acab A, Yu D, Yeo GW, Mu Y, Chen G, Gage FH, Muotri AR. 2010. A model for neural development and treatment of Rett syndrome using human induced pluripotent stem cells. Cell 143(4):527-539.

Matsuo Y, et al. 2009. CXC-chemokine/CXCR2 biological axis promotes angiogenesis in vitro and in vivo in pancreatic cancer. Int J Cancer 125: 1027-1037.

McQuillan DJ, Findlay DM, Hocking AM, Yanagishita M, Midura RJ, Hascall VC. 1991. Proteoglycans synthesized by an osteoblast-like cell line (UMR 106-01). Biochem J 277 (Pt 1): 199-206.

Meddahi A, Lemdjabar H, Caruelle JP, Barritault D, Hornebeck W. 1995. Inhibition by dextran derivatives of FGF-2 plasmin-mediated degradation. Biochimie 77: 703-706.

Meen AJ, Oynebraten I, Reine TM, Duelli A, Svennevig K, Pejler G, Jenssen T, Kolset SO. 2011. Serglycin is a major proteoglycan in polarized human endothelial cells and is implicated in the secretion of the chemokine GROalpha/CXCL1. J Biol Chem 286: 2636-2647.

Miyasaka Y, Enomoto N, Nagayama K, Izumi N, Marumo F, Watanabe M, Sato C. 2001. Analysis of differentially expressed genes in human hepatocellular carcinoma using suppression subtractive hybridization. Br J Cancer 85: 228-234.

Mochizuki N. 2009. Vascular integrity mediated by vascular endothelial cadherin and regulated by sphingosine 1-phosphate and angiopoietin-1. Circ J 73: 2183-2191.

Mohan PS, Spiro RG. 1991. Characterization of heparan sulfate proteoglycan from calf lens capsule and proteoglycans synthesized by cultured lens epithelial cells. Comparison with other basement membrane proteoglycans. J Biol Chem 266: 8567-8575.

Montecucco F, et al. 2012. CC chemokine CCL5 plays a central role impacting infarct size and post-infarction heart failure in mice. Eur Heart J 33: 1964-1974.

Moore BB, Arenberg DA, Addison CL, Keane MP, Strieter RM. 1998. Tumor angiogenesis is regulated by CXC chemokines. J Lab Clin Med 132: 97-103.

Mortier A, Van Damme J, Proost P. 2008. Regulation of chemokine activity by posttranslational modification. Pharmacol Ther 120: 197-217.

Morya VK, Kim J, Kim EK. 2012. Algal fucoidan: structural and size-dependent bioactivities and their perspectives. Appl Microbiol Biotechnol 93: 71-82.

Muller G, Lipp M. 2003. Concerted action of the chemokine and lymphotoxin system in secondary lymphoid-organ development. Curr Opin Immunol 15: 217-224.

Murakami M, Horowitz A, Tang S, Ware JA, Simons M. 2002. Protein kinase C (PKC) delta regulates PKCalpha activity in a Syndecan-4-dependent manner. J Biol Chem 277: 20367-20371.

Nagasawa T, Hirota S, Tachibana K, Takakura N, Nishikawa S, Kitamura Y, Yoshida N, Kikutani H, Kishimoto T. 1996. Defects of B-cell lymphopoiesis and bone-marrow myelopoiesis in mice lacking the CXC chemokine PBSF/SDF-1. Nature 382: 635-638.

Navratilova Z. 2006. Polymorphisms in CCL2&CCL5 chemokines/chemokine receptors genes and their association with diseases. Biomed Pap Med Fac Univ Palacky Olomouc Czech Repub 150: 191-204.

Nisbet DR, Williams RJ. 2012. Self-assembled peptides: characterisation and in vivo response. Biointerphases 7: 2.

Nishida Y, Miyamori H, Thompson EW, Takino T, Endo Y, Sato H. 2008. Activation of matrix metalloproteinase-2 (MMP-2) by membrane type 1 matrix metalloproteinase through an artificial receptor for proMMP-2 generates active MMP-2. Cancer Res 68: 9096-9104.

Nowak DG, Woolard J, Amin EM, Konopatskaya O, Saleem MA, Churchill AJ, Ladomery MR, Harper SJ, Bates DO. 2008. Expression of pro- and anti-angiogenic isoforms of VEGF is differentially regulated by splicing and growth factors. J Cell Sci 121: 3487-3495.

O'Brien SJ, Moore JP. 2000. The effect of genetic variation in chemokines and their receptors on HIV transmission and progression to AIDS. Immunol Rev 177: 99-111.

Oliver G, Alitalo K. 2005. The lymphatic vasculature: recent progress and paradigms. Annu Rev Cell Dev Biol 21: 457-483.

Olsson AK, Dimberg A, Kreuger J, Claesson-Welsh L. 2006. VEGF receptor signalling - in control of vascular function. Nat Rev Mol Cell Biol 7: 359-371.

Onuffer JJ, Horuk R. 2002. Chemokines, chemokine receptors and small-molecule antagonists: recent developments. Trends Pharmacol Sci 23: 459-467.

Orpana A, Salven P. 2002. Angiogenic and lymphangiogenic molecules in hematological malignancies. Leuk Lymphoma 43: 219-224.

Ostman A. 2004. PDGF receptors-mediators of autocrine tumor growth and regulators of tumor vasculature and stroma. Cytokine Growth Factor Rev 15: 275-286.

Pacifici M, Shimo T, Gentili C, Kirsch T, Freeman TA, Enomoto-Iwamoto M, Iwamoto M, Koyama E. 2005. Syndecan-3: a cell-surface heparan sulfate proteoglycan important for chondrocyte proliferation and function during limb skeletogenesis. J Bone Miner Metab 23: 191-199.

Pan Q, Chathery Y, Wu Y, Rathore N, Tong RK, Peale F, Bagri A, Tessier-Lavigne M, Koch AW, Watts RJ. 2007. Neuropilin-1 binds to VEGF121 and regulates endothelial cell migration and sprouting. J Biol Chem 282: 24049-24056.

Parish CR. 2005. Heparan sulfate and inflammation. Nat Immunol 6: 861-862.

Park CC, Bissell MJ, Barcellos-Hoff MH. 2000. The influence of the microenvironment on the malignant phenotype. Mol Med Today 6: 324-329.

Patan S, Alvarez MJ, Schittny JC, Burri PH. 1992. Intussusceptive microvascular growth: a common alternative to capillary sprouting. Arch Histol Cytol 55 Suppl: 65-75.

Pattison JM, Nelson PJ, Huie P, Sibley RK, Krensky AM. 1996. RANTES chemokine expression in transplant-associated accelerated atherosclerosis. J Heart Lung Transplant 15: 1194-1199.

Persson AB, Buschmann IR. 2011. Vascular growth in health and disease. Front Mol Neurosci 4: 14.

Petit I, Jin D, Rafii S. 2007. The SDF-1-CXCR4 signaling pathway: a molecular hub modulating neo-angiogenesis. Trends Immunol 28: 299-307.

Phng LK, Gerhardt H. 2009. Angiogenesis: a team effort coordinated by notch. Dev Cell 16: 196-208.

Pierce KL, Premont RT, Lefkowitz RJ. 2002. Seven-transmembrane receptors. Nat Rev Mol Cell Biol 3: 639-650.

Potente M, Gerhardt H, Carmeliet P. 2011. Basic and therapeutic aspects of angiogenesis. Cell 146: 873-887.

Pousa ID, Mate J, Gisbert JP. 2008. Angiogenesis in inflammatory bowel disease. Eur J Clin Invest 38: 73-81.

Prasad A, Fernandis AZ, Rao Y, Ganju RK. 2004. Slit protein-mediated inhibition of CXCR4-induced chemotactic and chemoinvasive signaling pathways in breast cancer cells. J Biol Chem 279: 9115-9124.

Prokoph S, Chavakis E, Levental KR, Zieris A, Freudenberg U, Dimmeler S, Werner C. 2012. Sustained delivery of SDF-1alpha from heparin-based hydrogels to attract circulating pro-angiogenic cells. Biomaterials 33: 4792-4800.

Proudfoot AE, Power CA, Rommel C, Wells TN. 2003a. Strategies for chemokine antagonists as therapeutics. Semin Immunol 15: 57-65.

Proudfoot AE, Power CA, Hoogewerf AJ, Montjovent MO, Borlat F, Offord RE, Wells TN. 1996. Extension of recombinant human RANTES by the retention of the initiating methionine produces a potent antagonist. J Biol Chem 271: 2599-2603.

Proudfoot AE, Handel TM, Johnson Z, Lau EK, LiWang P, Clark-Lewis I, Borlat F, Wells TN, Kosco-Vilbois MH. 2003b. Glycosaminoglycan binding and oligomerization are essential for the in vivo activity of certain chemokines. Proc Natl Acad Sci U S A 100: 1885-1890.

Proudfoot AE, Fritchley S, Borlat F, Shaw JP, Vilbois F, Zwahlen C, Trkola A, Marchant D, Clapham PR, Wells TN. 2001. The BBXB motif of RANTES is the principal site for heparin binding and controls receptor selectivity. J Biol Chem 276: 10620-10626.

Punj V, Matta H, Chaudhary PM. 2012. A computational profiling of changes in gene expression and transcription factors induced by vFLIP K13 in primary effusion lymphoma. PLoS One 7: e37498.

Purushothaman A, Uyama T, Kobayashi F, Yamada S, Sugahara K, Rapraeger AC, Sanderson RD. 2010. Heparanase-enhanced shedding of syndecan-1 by myeloma cells promotes endothelial invasion and angiogenesis. Blood 115: 2449-2457.

Rajagopalan L, Rajarathnam K. 2006. Structural basis of chemokine receptor function--a model for binding affinity and ligand selectivity. Biosci Rep 26: 325-339.

Rajagopalan L, et al. 2006. Essential helix interactions in the anion transporter domain of prestin revealed by evolutionary trace analysis. J Neurosci 26: 12727-12734.

Rajagopalan S, et al. 2003. Regional angiogenesis with vascular endothelial growth factor in peripheral arterial disease: a phase II randomized, double-blind, controlled study of adenoviral delivery of vascular endothelial growth factor 121 in patients with disabling intermittent claudication. Circulation 108: 1933-1938.

Raman K, Ninomiya M, Nguyen TK, Tsuzuki Y, Koketsu M, Kuberan B. 2011. Novel glycosaminoglycan biosynthetic inhibitors affect tumor-associated angiogenesis. Biochem Biophys Res Commun 404: 86-89.

Raman R, Sasisekharan V, Sasisekharan R. 2005. Structural insights into biological roles of protein-glycosaminoglycan interactions. Chem Biol 12: 267-277.

Ray P, Lewin SA, Mihalko LA, Lesher-Perez SC, Takayama S, Luker KE, Luker GD. 2012. Secreted CXCL12 (SDF-1) forms dimers under physiological conditions. Biochem J 442: 433-442.

Reigstad LJ, Varhaug JE, Lillehaug JR. 2005. Structural and functional specificities of PDGF-C and PDGF-D, the novel members of the platelet-derived growth factors family. FEBS J 272: 5723-5741.

Rennel ES, Varey AH, Churchill AJ, Wheatley ER, Stewart L, Mather S, Bates DO, Harper SJ. 2009. VEGF(121)b, a new member of the VEGF(xxx)b family of VEGF-A splice isoforms, inhibits neovascularisation and tumour growth in vivo. Br J Cancer 101: 1183-1193.

Ribatti D, Djonov V. 2012. Intussusceptive microvascular growth in tumors. Cancer Lett 316: 126-131.

Ribatti D, Nico B, Crivellato E. 2011. The role of pericytes in angiogenesis. Int J Dev Biol 55: 261-268.

Risau W. 1997. Mechanisms of angiogenesis. Nature 386: 671-674.

Rissanen TT, Yla-Herttuala S. 2007. Current status of cardiovascular gene therapy. Mol Ther 15: 1233-1247.

Rosenkranz K, Kumbruch S, Lebermann K, Marschner K, Jensen A, Dermietzel R, Meier C. 2010. The chemokine SDF-1/CXCL12 contributes to the 'homing' of umbilical cord blood cells to a hypoxic-ischemic lesion in the rat brain. J Neurosci Res 88: 1223-1233.

Rossi-Schneider TR, Verli FD, Marinho SA, Yurgel LS, De Souza MA. 2010. Study of intussusceptive angiogenesis in inflammatory regional lymph nodes by scanning electron microscopy. Microsc Res Tech 73: 14-19.

Rouet V, Hamma-Kourbali Y, Petit E, Panagopoulou P, Katsoris P, Barritault D, Caruelle JP, Courty J. 2005. A synthetic glycosaminoglycan mimetic binds vascular endothelial growth factor and modulates angiogenesis. J Biol Chem 280: 32792-32800.

Rouhl RP, van Oostenbrugge RJ, Damoiseaux J, Tervaert JW, Lodder J. 2008. Endothelial progenitor cell research in stroke: a potential shift in pathophysiological and therapeutical concepts. Stroke 39: 2158-2165.

Rozengurt E. 2002. Neuropeptides as growth factors for normal and cancerous cells. Trends Endocrinol Metab 13: 128-134.

Salanga CL, Handel TM. 2011. Chemokine oligomerization and interactions with receptors and glycosaminoglycans: the role of structural dynamics in function. Exp Cell Res 317: 590-601.

Salanga CL, O'Hayre M, Handel T. 2009. Modulation of chemokine receptor activity through dimerization and crosstalk. Cell Mol Life Sci 66: 1370-1386.

Salcedo R, Wasserman K, Young HA, Grimm MC, Howard OM, Anver MR, Kleinman HK, Murphy WJ, Oppenheim JJ. 1999. Vascular endothelial growth factor and basic fibroblast growth factor induce expression of CXCR4 on human endothelial cells: In vivo neovascularization induced by stromal-derived factor-1alpha. Am J Pathol 154: 1125-1135.

San Juan A, Bala M, Hlawaty H, Portes P, Vranckx R, Feldman LJ, Letourneur D. 2009. Development of a functionalized polymer for stent coating in the arterial delivery of small interfering RNA. Biomacromolecules 10: 3074-3080.

Sarlon G, et al. 2012. Therapeutic effect of fucoidan-stimulated endothelial colony-forming cells in peripheral ischemia. J Thromb Haemost 10: 38-48.

Saxena S, Ray AR, Kapil A, Pavon-Djavid G, Letourneur D, Gupta B, Meddahi-Pelle A. 2011. Development of a new polypropylene-based suture: plasma grafting, surface treatment, characterization, and biocompatibility studies. Macromol Biosci 11: 373-382.

Scala S, et al. 2006. Human melanoma metastases express functional CXCR4. Clin Cancer Res 12: 2427-2433.

Schirmer SH, van Nooijen FC, Piek JJ, van Royen N. 2009a. Stimulation of collateral artery growth: travelling further down the road to clinical application. Heart 95: 191-197.

Schirmer SH, et al. 2009b. Local cytokine concentrations and oxygen pressure are related to maturation of the collateral circulation in humans. J Am Coll Cardiol 53: 2141-2147.

Schober A, Manka D, von Hundelshausen P, Huo Y, Hanrath P, Sarembock IJ, Ley K, Weber C. 2002. Deposition of platelet RANTES triggering monocyte recruitment requires P-selectin and is involved in neointima formation after arterial injury. Circulation 106: 1523-1529.

Schulte A, et al. 2007. Sequential processing of the transmembrane chemokines CX3CL1 and CXCL16 by alpha- and gamma-secretases. Biochem Biophys Res Commun 358: 233-240.

Schwabe RF, Bataller R, Brenner DA. 2003. Human hepatic stellate cells express CCR5 and RANTES to induce proliferation and migration. Am J Physiol Gastrointest Liver Physiol 285: G949-958.

Schwarz N, et al. 2010. Requirements for leukocyte transmigration via the transmembrane chemokine CX3CL1. Cell Mol Life Sci 67: 4233-4248.

Senni K, Pereira J, Gueniche F, Delbarre-Ladrat C, Sinquin C, Ratiskol J, Godeau G, Fischer AM, Helley D, Colliec-Jouault S. 2011. Marine polysaccharides: a source of bioactive molecules for cell therapy and tissue engineering. Mar Drugs 9: 1664-1681.

Sethi G, Shanmugam MK, Ramachandran L, Kumar AP, Tergaonkar V. 2012. Multifaceted link between cancer and inflammation. Biosci Rep 32: 1-15.

Sharma M, Afrin F, Satija N, Tripathi RP, Gangenahalli GU. 2011. Stromal-derived factor-1/CXCR4 signaling: indispensable role in homing and engraftment of hematopoietic stem cells in bone marrow. Stem Cells Dev 20: 933-946.

Shay E, He H, Sakurai S, Tseng SC. 2011. Inhibition of Angiogenesis by HC{middle dot}HA, a Complex of Hyaluronan and the Heavy Chain of Inter-alpha-Inhibitor, Purified from Human Amniotic Membrane. Invest Ophthalmol Vis Sci 52: 2669-2678.

Shenoy SK, Lefkowitz RJ. 2011. beta-Arrestin-mediated receptor trafficking and signal transduction. Trends Pharmacol Sci 32: 521-533.

Shim AH, Liu H, Focia PJ, Chen X, Lin PC, He X. 2010. Structures of a platelet-derived growth factor/propeptide complex and a platelet-derived growth factor/receptor complex. Proc Natl Acad Sci U S A 107: 11307-11312.

Shimaoka T, et al. 2004. Cell surface-anchored SR-PSOX/CXC chemokine ligand 16 mediates firm adhesion of CXC chemokine receptor 6-expressing cells. J Leukoc Biol 75: 267-274.

Shyy YJ, Hsieh HJ, Usami S, Chien S. 1994. Fluid shear stress induces a biphasic response of human monocyte chemotactic protein 1 gene expression in vascular endothelium. Proc Natl Acad Sci U S A 91: 4678-4682.

Signoret N, Pelchen-Matthews A, Mack M, Proudfoot AE, Marsh M. 2000. Endocytosis and recycling of the HIV coreceptor CCR5. J Cell Biol 151: 1281-1294.

Simons M, et al. 2002. Pharmacological treatment of coronary artery disease with recombinant fibroblast growth factor-2: double-blind, randomized, controlled clinical trial. Circulation 105: 788-793.

Skaug B, Jiang X, Chen ZJ. 2009. The role of ubiquitin in NF-kappaB regulatory pathways. Annu Rev Biochem 78: 769-796.

Slimani H, Charnaux N, Mbemba E, Saffar L, Vassy R, Vita C, Gattegno L. 2003a. Binding of the CC-chemokine RANTES to syndecan-1 and syndecan-4 expressed on HeLa cells. Glycobiology 13: 623-634.

Slimani H. 2003b. Interaction of RANTES with syndecan-1 and syndecan-4 expressed by human primary macrophages. Biochim Biophys Acta 1617: 80-88.

Soria G, Ben-Baruch A. 2008. The inflammatory chemokines CCL2 and CCL5 in breast cancer. Cancer Lett 267: 271-285.

Soria G, et al. 2011. Inflammatory mediators in breast cancer: coordinated expression of TNFalpha & IL-1beta with CCL2 & CCL5 and effects on epithelial-to-mesenchymal transition. BMC Cancer 11: 130.

Speyer CL, Ward PA. 2011. Role of endothelial chemokines and their receptors during inflammation. J Invest Surg 24: 18-27.

Srivastava V, Dey I, Leung P, Chadee K. 2012. Prostaglandin E2 modulates IL-8 expression through formation of a multiprotein enhanceosome in human colonic epithelial cells. Eur J Immunol 42: 912-923.

Stanton H, Melrose J, Little CB, Fosang AJ. 2011. Proteoglycan degradation by the ADAMTS family of proteinases. Biochim Biophys Acta 1812: 1616-1629.

Stewart DJ, et al. 2006. Angiogenic gene therapy in patients with nonrevascularizable ischemic heart disease: a phase 2 randomized, controlled trial of AdVEGF(121) (AdVEGF121) versus maximum medical treatment. Gene Ther 13: 1503-1511.

Stievano L, Piovan E, Amadori A. 2004. C and CX3C chemokines: cell sources and physiopathological implications. Crit Rev Immunol 24: 205-228.

Storch U, Mederos y Schnitzler M, Gudermann T. 2012. G protein-mediated stretch reception. Am J Physiol Heart Circ Physiol 302: H1241-1249.

Struyf S, Gouwy M, Dillen C, Proost P, Opdenakker G, Van Damme J. 2005. Chemokines synergize in the recruitment of circulating neutrophils into inflamed tissue. Eur J Immunol 35: 1583-1591.

Struyf S, et al. 2011. Angiostatic and chemotactic activities of the CXC chemokine CXCL4L1 (platelet factor-4 variant) are mediated by CXCR3. Blood 117: 480-488.

Styp-Rekowska B, Hlushchuk R, Pries AR, Djonov V. 2011. Intussusceptive angiogenesis: pillars against the blood flow. Acta Physiol (Oxf) 202: 213-223.

Suffee N, Richard B, Hlawaty H, Oudar O, Charnaux N, Sutton A. 2011. Angiogenic properties of the chemokine RANTES/CCL5. Biochem Soc Trans 39: 1649-1653.

Suffee N, et al. 2012. RANTES/CCL5-induced pro-angiogenic effects depend on CCR1, CCR5 and glycosaminoglycans. Angiogenesis.

Sun XT, Zhang MY, Shu C, Li Q, Yan XG, Cheng N, Qiu YD, Ding YT. 2005. Differential gene expression during capillary morphogenesis in a microcarrier-based three-dimensional in vitro model of angiogenesis with focus on chemokines and chemokine receptors. World J Gastroenterol 11: 2283-2290.

Sutton A, et al. 2007a. Glycosaminoglycans and their synthetic mimetics inhibit RANTES-induced migration and invasion of human hepatoma cells. Mol Cancer Ther 6: 2948-2958.

Sutton A, et al. 2007b. Stromal cell-derived factor-1/chemokine (C-X-C motif) ligand 12 stimulates human hepatoma cell growth, migration, and invasion. Mol Cancer Res 5: 21-33.

Takahashi T, Yamaguchi S, Chida K, Shibuya M. 2001. A single autophosphorylation site on KDR/Flk-1 is essential for VEGF-A-dependent activation of PLC-gamma and DNA synthesis in vascular endothelial cells. EMBO J 20: 2768-2778.

Takeda S, Kadowaki S, Haga T, Takaesu H, Mitaku S. 2002. Identification of G protein-coupled receptor genes from the human genome sequence. FEBS Lett 520: 97-101.

Tapanadechopone P, Tumova S, Jiang X, Couchman JR. 2001. Epidermal transformation leads to increased perlecan synthesis with heparin-binding-growth-factor affinity. Biochem J 355: 517-527.

Tayebjee MH, Lip GY, MacFadyen RJ. 2004a. Collateralization and the response to obstruction of epicardial coronary arteries. QJM 97: 259-272.

Tayebjee MH. 2004b. The unifying role of matrix metalloproteinases in atheroma and vascular stroke. Stroke 35: 2239.

Thelen M, Baggiolini M. 2001. Is dimerization of chemokine receptors functionally relevant? Sci STKE 2001: pe34.

Thelen M, Munoz LM, Rodriguez-Frade JM, Mellado M. 2010. Chemokine receptor oligomerization: functional considerations. Curr Opin Pharmacol 10: 38-43.

Tiruppathi C, Ahmmed GU, Vogel SM, Malik AB. 2006. Ca2+ signaling, TRP channels, and endothelial permeability. Microcirculation 13: 693-708.

Tirziu D, Simons M. 2005. Angiogenesis in the human heart: gene and cell therapy. Angiogenesis 8: 241-251.

Tkachenko E, Rhodes JM, Simons M. 2005. Syndecans: new kids on the signaling block. Circ Res 96: 488-500.

Troup S, Njue C, Kliewer EV, Parisien M, Roskelley C, Chakravarti S, Roughley PJ, Murphy LC, Watson PH. 2003. Reduced expression of the small leucine-rich proteoglycans, lumican, and decorin is associated with poor outcome in node-negative invasive breast cancer. Clin Cancer Res 9: 207-214.

Tufvesson E, Westergren-Thorsson G. 2000. Alteration of proteoglycan synthesis in human lung fibroblasts induced by interleukin-1beta and tumor necrosis factor-alpha. J Cell Biochem 77: 298-309.

Tumova S, Woods A, Couchman JR. 2000. Heparan sulfate proteoglycans on the cell surface: versatile coordinators of cellular functions. Int J Biochem Cell Biol 32: 269-288.

Tung JJ, Tattersall IW, Kitajewski J. 2012. Tips, Stalks, Tubes: Notch-Mediated Cell Fate Determination and Mechanisms of Tubulogenesis during Angiogenesis. Cold Spring Harb Perspect Med 2: a006601.

Turnbull JE, Fernig DG, Ke Y, Wilkinson MC, Gallagher JT. 1992. Identification of the basic fibroblast growth factor binding sequence in fibroblast heparan sulfate. J Biol Chem 267: 10337-10341.

Van Asseldonk DP, de Boer NK, Peters GJ, Veldkamp AI, Mulder CJ, Van Bodegraven AA. 2009. On therapeutic drug monitoring of thiopurines in inflammatory bowel disease; pharmacology, pharmacogenomics, drug intolerance and clinical relevance. Curr Drug Metab 10: 981-997.

Vandercappellen J, Van Damme J, Struyf S. 2008. The role of CXC chemokines and their receptors in cancer. Cancer Lett 267: 226-244.

Vangelista L, Secchi M, Lusso P. 2008. Rational design of novel HIV-1 entry inhibitors by RANTES engineering. Vaccine 26: 3008-3015.

Vanneaux V, et al. 2010. In vitro and in vivo analysis of endothelial progenitor cells from cryopreserved umbilical cord blood: are we ready for clinical application? Cell Transplant 19: 1143-1155.

Varshosaz J. 2012. Dextran conjugates in drug delivery. Expert Opin Drug Deliv 9: 509-523.

Veillard NR, Kwak B, Pelli G, Mulhaupt F, James RW, Proudfoot AE, Mach F. 2004. Antagonism of RANTES receptors reduces atherosclerotic plaque formation in mice. Circ Res 94: 253-261.

Velasco-Velazquez M, Jiao X, De La Fuente M, Pestell TG, Ertel A, Lisanti MP, Pestell RG. 2012. CCR5 antagonist blocks metastasis of basal breast cancer cells. Cancer Res 72: 3839-3850.

Veldkamp CT, Ziarek JJ, Su J, Basnet H, Lennertz R, Weiner JJ, Peterson FC, Baker JE, Volkman BF. 2009. Monomeric structure of the cardioprotective chemokine SDF-1/CXCL12. Protein Sci 18: 1359-1369.

Verratti V, Berardinelli F, Di Giulio C, Bosco G, Cacchio M, Pellicciotta M, Nicolai M, Martinotti S, Tenaglia R. 2008. Evidence that chronic hypoxia causes reversible impairment on male fertility. Asian J Androl 10: 602-606.

Vita C, Drakopoulou E, Ylisastigui L, Bakri Y, Vizzavona J, Martin L, Parmentier M, Gluckman JC, Benjouad A. 2002. Synthesis and characterization of biologically functional biotinylated RANTES. J Immunol Methods 266: 53-65.

Vlodavsky I, Goldshmidt O, Zcharia E, Atzmon R, Rangini-Guatta Z, Elkin M, Peretz T, Friedmann Y. 2002. Mammalian heparanase: involvement in cancer metastasis, angiogenesis and normal development. Semin Cancer Biol 12: 121-129.

Volin MV, Huynh N, Klosowska K, Reyes RD, Woods JM. 2010. Fractalkine-induced endothelial cell migration requires MAP kinase signaling. Pathobiology 77: 7-16.

Vuorio T, Jauhiainen S, Yla-Herttuala S. 2012. Pro- and anti-angiogenic therapy and atherosclerosis with special emphasis on vascular endothelial growth factors. Expert Opin Biol Ther 12: 79-92.

Wallace GR, John Curnow S, Wloka K, Salmon M, Murray PI. 2004. The role of chemokines and their receptors in ocular disease. Prog Retin Eye Res 23: 435-448.

Wan AC, Yim EK, Liao IC, Le Visage C, Leong KW. 2004. Encapsulation of biologics in self-assembled fibers as biostructural units for tissue engineering. J Biomed Mater Res A 71: 586-595.

Wang H, et al. 2012a. Over-expression of PDGFR-beta promotes PDGF-induced proliferation, migration, and angiogenesis of EPCs through PI3K/Akt signaling pathway. PLoS One 7: e30503.

Wang J, Norcross M. 2008. Dimerization of chemokine receptors in living cells: key to receptor function and novel targets for therapy. Drug Discov Today 13: 625-632.

Wang X, Watson C, Sharp JS, Handel TM, Prestegard JH. 2011a. Oligomeric structure of the chemokine CCL5/RANTES from NMR, MS, and SAXS data. Structure 19: 1138-1148.

Wang Y, Huang J, Li Y, Yang GY. 2012b. Roles of chemokine CXCL12 and its receptors in ischemic stroke. Curr Drug Targets 13: 166-172.

Wang YZ, Cao ML, Liu YW, He YQ, Yang CX, Gao F. 2011b. CD44 mediates oligosaccharides of hyaluronan-induced proliferation, tube formation and signal transduction in endothelial cells. Exp Biol Med (Maywood) 236: 84-90.

Weber C. 2005. Platelets and chemokines in atherosclerosis: partners in crime. Circ Res 96: 612-616.

Wells TN, Lusti-Narasimhan M, Chung CW, Cooke R, Power CA, Peitsch MC, Proudfoot AE. 1996a. The molecular basis of selectivity between CC and CXC chemokines: the possibility of chemokine antagonists as anti-inflammatory agents. Ann N Y Acad Sci 796: 245-256.

Wells TN, Power CA, Lusti-Narasimhan M, Hoogewerf AJ, Cooke RM, Chung CW, Peitsch MC, Proudfoot AE. 1996b. Selectivity and antagonism of chemokine receptors. J Leukoc Biol 59: 53-60.

Wengner AM, Pitchford SC, Furze RC, Rankin SM. 2008. The coordinated action of G-CSF and ELR + CXC chemokines in neutrophil mobilization during acute inflammation. Blood 111: 42-49.

Werner N, Kosiol S, Schiegl T, Ahlers P, Walenta K, Link A, Bohm M, Nickenig G. 2005. Circulating endothelial progenitor cells and cardiovascular outcomes. N Engl J Med 353: 999-1007.

Wesche J, Haglund K, Haugsten EM. 2011. Fibroblast growth factors and their receptors in cancer. Biochem J 437: 199-213.

Westerweel PE, Rabelink TJ, Rookmaaker MB, Grone HJ, Verhaar MC. 2008. RANTES is required for ischaemia-induced angiogenesis, which may hamper RANTES-targeted anti-atherosclerotic therapy. Thromb Haemost 99: 794-795.

Whetton AD, Spooncer E. 1998. Role of cytokines and extracellular matrix in the regulation of haemopoietic stem cells. Curr Opin Cell Biol 10: 721-726.

White GE, Greaves DR. 2012. Fractalkine: a survivor's guide: chemokines as antiapoptotic mediators. Arterioscler Thromb Vasc Biol 32: 589-594.

Witt DP, Lander AD. 1994. Differential binding of chemokines to glycosaminoglycan subpopulations. Curr Biol 4: 394-400.

Yang JH. 2012. Topical Application of Fucoidan Improves Atopic Dermatitis Symptoms in NC/Nga Mice. Phytother Res.

Ye J, Li Y, Teruya K, Katakura Y, Ichikawa A, Eto H, Hosoi M, Nishimoto S, Shirahata S. 2005. Enzyme-digested Fucoidan Extracts Derived from Seaweed Mozuku of Cladosiphon novae-caledoniae kylin Inhibit Invasion and Angiogenesis of Tumor Cells. Cytotechnology 47: 117-126.

Yeligar SM, Machida K, Tsukamoto H, Kalra VK. 2009. Ethanol augments RANTES/CCL5 expression in rat liver sinusoidal endothelial cells and human endothelial cells via activation of NF-kappa B, HIF-1 alpha, and AP-1. J Immunol 183: 5964-5976.

Yoshimura T, Matsushima K, Tanaka S, Robinson EA, Appella E, Oppenheim JJ, Leonard EJ. 1987. Purification of a human monocyte-derived neutrophil chemotactic factor that has peptide sequence similarity to other host defense cytokines. Proc Natl Acad Sci U S A 84: 9233-9237.

Zabel BA, Lewen S, Berahovich RD, Jaen JC, Schall TJ. 2011. The novel chemokine receptor CXCR7 regulates trans-endothelial migration of cancer cells. Mol Cancer 10: 73.

Zachary I, Morgan RD. 2011. Therapeutic angiogenesis for cardiovascular disease: biological context, challenges, prospects. Heart 97: 181-189.

Zafiropoulos A, Fthenou E, Chatzinikolaou G, Tzanakakis GN. 2008. Glycosaminoglycans and PDGF signaling in mesenchymal cells. Connect Tissue Res 49: 153-156.

Zak BM, Crawford BE, Esko JD. 2002. Hereditary multiple exostoses and heparan sulfate polymerization. Biochim Biophys Acta 1573: 346-355.

Zeeb M, Strilic B, Lammert E. 2010. Resolving cell-cell junctions: lumen formation in blood vessels. Curr Opin Cell Biol 22: 626-632.

Zemani F, Benisvy D, Galy-Fauroux I, Lokajczyk A, Colliec-Jouault S, Uzan G, Fischer AM, Boisson-Vidal C. 2005. Low-molecular-weight fucoidan enhances the proangiogenic phenotype of endothelial progenitor cells. Biochem Pharmacol 70: 1167-1175.

Zemani F, Silvestre JS, Fauvel-Lafeve F, Bruel A, Vilar J, Bieche I, Laurendeau I, Galy-Fauroux I, Fischer AM, Boisson-Vidal C. 2008. Ex vivo priming of endothelial progenitor cells with SDF-1 before transplantation could increase their proangiogenic potential. Arterioscler Thromb Vasc Biol 28: 644-650.

Zernecke A, Shagdarsuren E, Weber C. 2008. Chemokines in atherosclerosis: an update. Arterioscler Thromb Vasc Biol 28: 1897-1908.

Zhang R, Xie X. 2012. Tools for GPCR drug discovery. Acta Pharmacol Sin 33: 372-384.

Zhao W, McCallum SA, Xiao Z, Zhang F, Linhardt RJ. 2012. Binding affinities of vascular endothelial growth factor (VEGF) for heparin-derived oligosaccharides. Biosci Rep 32: 71-81.

Zheng Q, Zhu J, Shanabrough M, Borok E, Benoit SC, Horvath TL, Clegg DJ, Reizes O. 2010. Enhanced anorexigenic signaling in lean obesity resistant syndecan-3 null mice. Neuroscience 171: 1032-1040.

Zong F, Fthenou E, Wolmer N, Hollosi P, Kovalszky I, Szilak L, Mogler C, Nilsonne G, Tzanakakis G, Dobra K. 2009. Syndecan-1 and FGF-2, but not FGF receptor-1, share a common transport route and co-localize with heparanase in the nuclei of mesenchymal tumor cells. PLoS One 4: e7346.

Zoughlami Y, Voermans C, Brussen K, van Dort KA, Kootstra NA, Maussang D, Smit MJ, Hordijk PL, van Hennik PB. 2012. Regulation of CXCR4 conformation by the small GTPase Rac1: implications for HIV infection. Blood 119: 2024-2032.

www.ingramcontent.com/pod-product-compliance
Lightning Source LLC
Chambersburg PA
CBHW021038210326
41598CB00016B/1059